Liebe Schülerin, lieber Schüler,

mit diesem Förderheft wollen wir dich dabei unterstützen, wesentliche mathematische Inhalte der Jahrgangsstufe 8 zu üben und zu wiederholen.
Solltest du noch Wissenslücken haben, findest du hier ausgewählte Aufgaben mit gezielten Hinweisen, um diese Lücken zu schließen.
Solltest du keine Wissenslücken haben, kannst du mithilfe anderer Aufgaben dein Wissen vertiefen und deine mathematischen Fähigkeiten weiter entwickeln.

Wie gehst du am besten vor?
Zunächst solltest du den **Diagnosetest** bearbeiten, den du anschließend auswertest. Die Auswertungstabelle enthält alle Lösungen des Tests und Hinweise, auf welchen **Förderseiten** du weitere/zusätzliche Trainingsaufgaben bearbeiten kannst.
Wenn du die Testaufgaben ohne Probleme gelöst hast, kannst du dich auf den **Forderseiten** mit schwierigen Aufgaben beschäftigen. Dabei kann es sich auch um Knobelaufgaben handeln, die du so in deinem Mathematikunterricht noch nicht gehört hast. Mit etwas Nachdenken und gesundem Menschenverstand wirst du überraschende Lösungen finden.

Wir wünschen dir viel Spaß und viel Erfolg.

Dein Redaktionsteam

Diagnosetest 1

A Gleichungen aufstellen

1 Notiere zu der Waage die entsprechende Gleichung.

a) 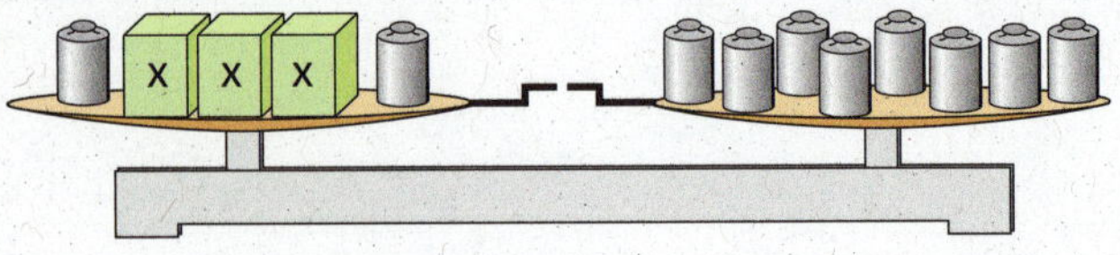

______ = ______

b) 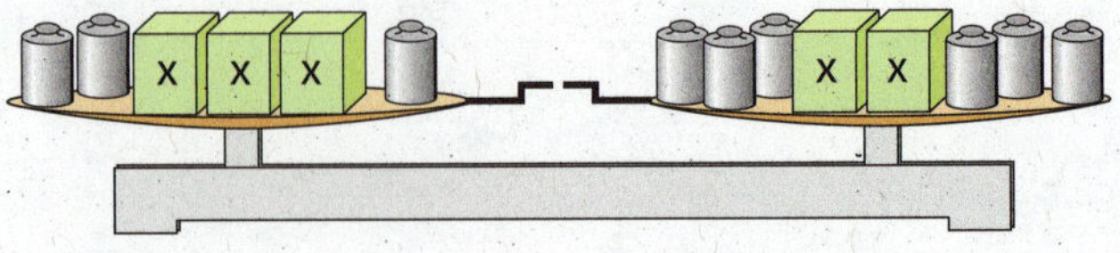

______ = ______

2 Schreibe das Zahlenrätsel als Gleichung. Wähle x als Variable für die gesuchte Zahl.

a) Multipliziere die gesuchte Zahl mit 9 und subtrahiere 6. Du erhältst 30.

Gleichung: ______

b) Addiere 15 zum Sechsfachen der gesuchten Zahl. Du erhältst das Elffache dieser Zahl.

Gleichung: ______

3 Im Schreibwarengeschäft kostet ein Schreibblock 1,80 € und ein Schulheft 0,50 €. Paula kauft einen Schreibblock und mehrere Hefte. Sie bezahlt insgesamt 5,80 €.

a) Stelle eine Gleichung auf. Wähle x als Variable für die Anzahl der Hefte.

Gleichung: ______

b) Bestimme die Anzahl der Hefte durch Probieren.

Paula kauft ______ Schulhefte.

B Gleichungen lösen

1 Löse die Gleichung durch Umformen.

a) $5x - 17 = 33$

b) $9x + 21 = 66$

c) $11x - 14 = 3x + 18$

d) $2x + 7x - 5x = 2x + 18$

e) $22 + 6x - 15 = 8x + 13 - 5x$

C Gleichungen mit Klammern

1 Löse die Gleichung.

a) $5(x+4)=65$

b) $11(x-1)+2(x-2)=24$

c) $8(x-2)=3(x+8)$

d) $7(x-1)+5=3x-2(x-5)$

e) $(x-8)^2=(x+2)^2$

D Gleichungen aufstellen und lösen

1 Beim Schulfest wird ein Stück Kuchen für 0,90 € und ein Glas Saft für 0,60 € angeboten. Mia isst ein Stück Kuchen und trinkt mehrere Gläser Saft. Insgesamt bezahlt sie 3,30 €.

Gleichung: ______________________________

Anzahl der Gläser Saft: ________

2 Multipliziere die gesuchte Zahl mit 8 und subtrahiere 15. Du erhältst das Fünffache der gesuchten Zahl.

Gleichung: ______________________________

Gesuchte Zahl: ________

3 Ein Viereck ABCD hat einen Umfang von 21 cm.
Die Seite $\overline{BC}$ ist 2 cm länger als die Seite $\overline{AB}$.
Die Seite $\overline{CD}$ ist 1 cm kürzer als $\overline{AB}$.
Die Seite $\overline{DA}$ ist doppelt so lang wie $\overline{AB}$.

Gleichung: ______________________________

$\overline{AB}$ = ____ cm, $\overline{BC}$ = ____ cm, $\overline{CD}$ = ____ cm, $\overline{DA}$ = ____ cm

Kreuze deine richtigen Ergebnisse an.

A Gleichungen aufstellen

1 a) $3x + 2 = 8$ ☐ b) $3x + 3 = 2x + 6$ ☐

2 a) $9x - 6 = 30$ ☐ b) $6x + 15 = 11x$ ☐

3 a) Gleichung: $1{,}80 + 0{,}50x = 5{,}80$ ☐

b) Paula kauft 8 Hefte. ☐

B Gleichungen lösen

1 a) $x = 10$ ☐ b) $x = 5$ ☐ c) $x = 4$ ☐

d) $x = 9$ ☐ e) $x = 2$ ☐

C Gleichungen mit Klammern

1 a) $x = 9$ ☐ b) $x = 3$ ☐ c) $x = 8$ ☐

d) $x = 2$ ☐ e) $x = 3$ ☐

D Gleichungen aufstellen und lösen

1 Gleichung: $0{,}90 + 0{,}60x = 3{,}30$ ☐ Anzahl der Gläser Saft: 4 ☐

2 Gleichung: $8x - 15 = 5x$ ☐ Gesuchte Zahl: 5 ☐

3 Gleichung: $x + x + 2 + x - 1 + 2x = 21$ ☐ $\overline{AB} = 4$ cm, $\overline{BC} = 6$ cm, $\overline{CD} = 3$ cm, $\overline{DA} = 8$ cm ☐

Tabelle zur Selbsteinschätzung

Kreuze für jedes Teilthema das Feld an, das nach deiner Einschätzung für dich zutrifft. Die Seitenangabe in dem angekreuzten Feld nennt dir dann die Seite, auf der du weiterarbeiten solltest.

Teilthemen	Ich hatte bei fast allen Aufgaben Schwierigkeiten.	Ich hatte bei einigen Aufgaben Schwierigkeiten.	Ich hatte bei allen Aufgaben keine Schwierigkeiten
A	☐ Seite 5	☐ Seite 6	☐ Seite 17
B	☐ Seite 7	☐ Seite 9	☐ Seite 17
C	☐ Seite 11	☐ Seite 12	☐ Seite 17
D	☐ Seite 14	☐ Seite 15	☐ Seite 17

A Gleichungen aufstellen

1 Notiere zu der Waage die entsprechende Gleichung.

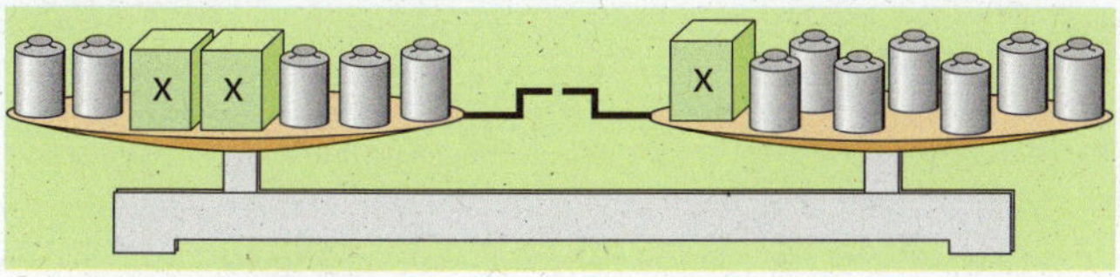

2x + 5 = x + 7

a)

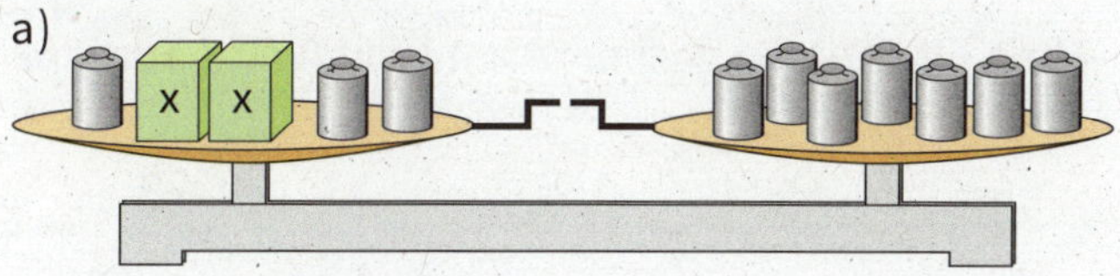

_______________ = _______________

b)

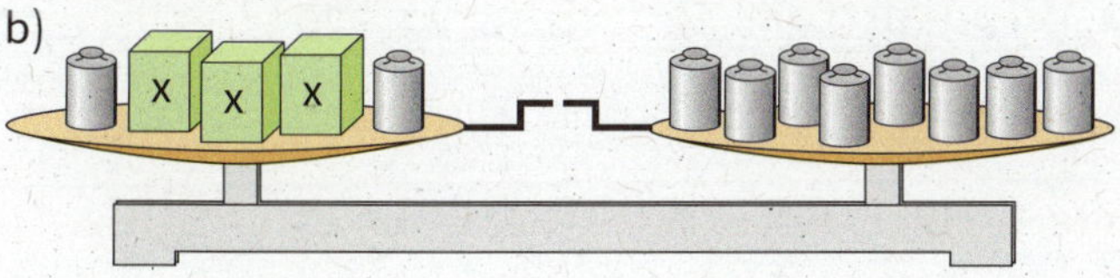

_______________ = _______________

c)

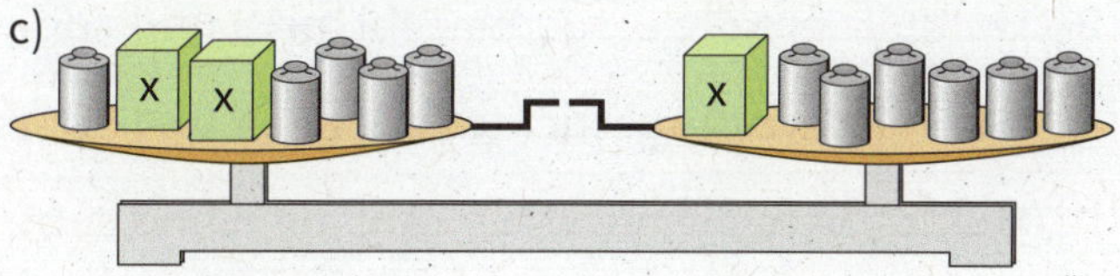

_______________ = _______________

d)

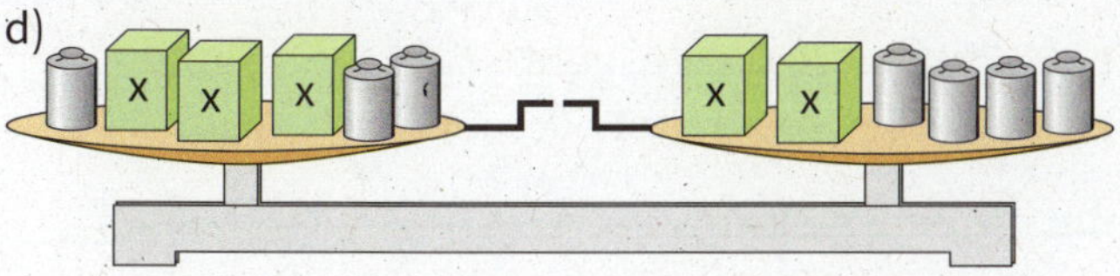

_______________ = _______________

e)

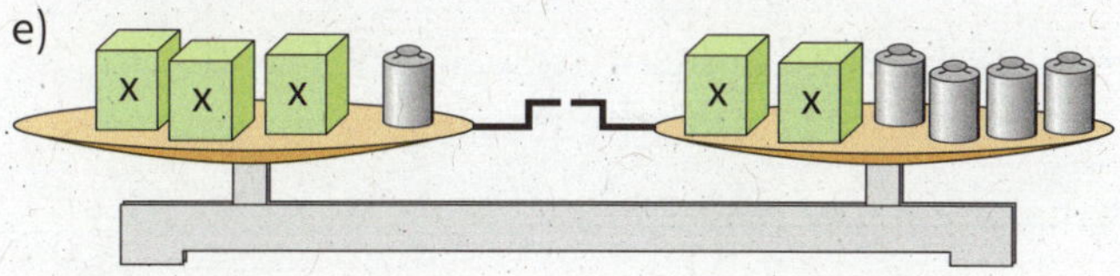

_______________ = _______________

f)

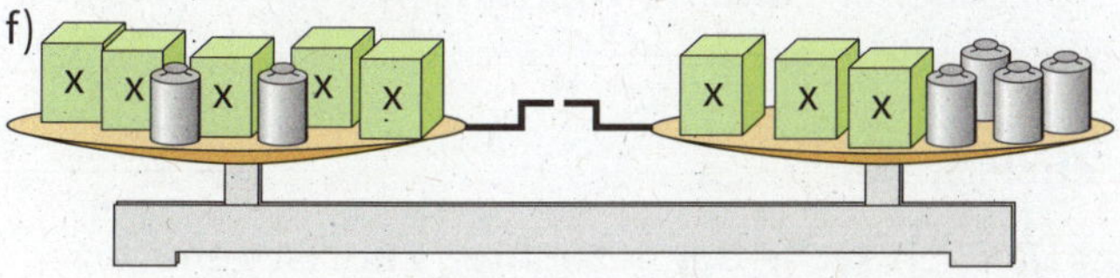

_______________ = _______________

g)

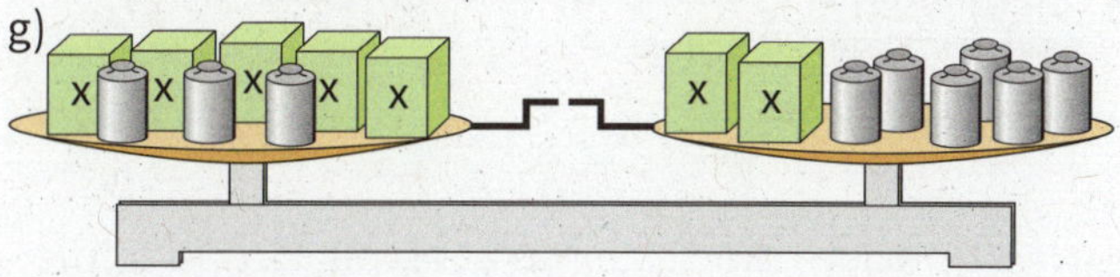

_______________ = _______________

2 Ergänze die Schachteln und Massestücke auf den Waagschalen passend zu den Gleichungen.

a)

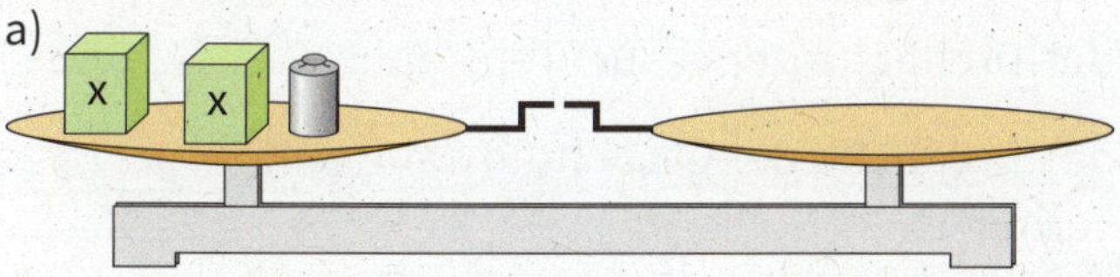

$2x + 1 = 7$

b)

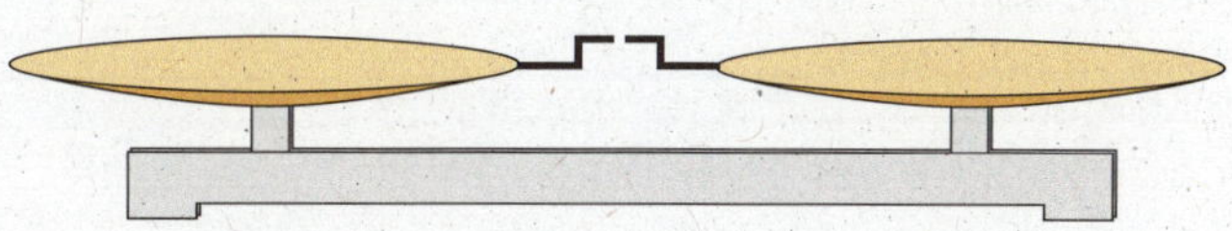

$5x + 3 = 8$

c)

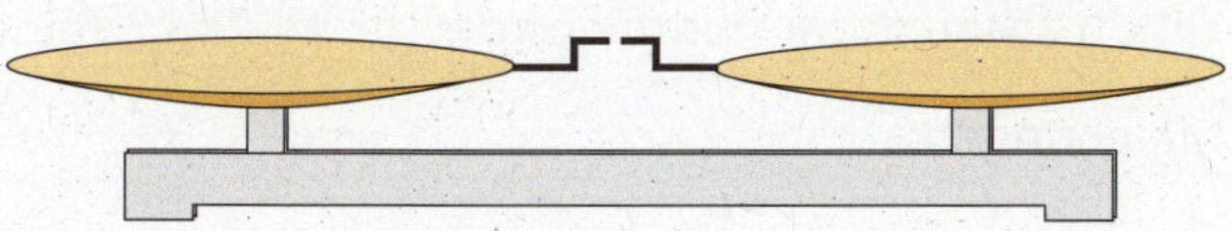

$3x + 1 = x + 5$

d)

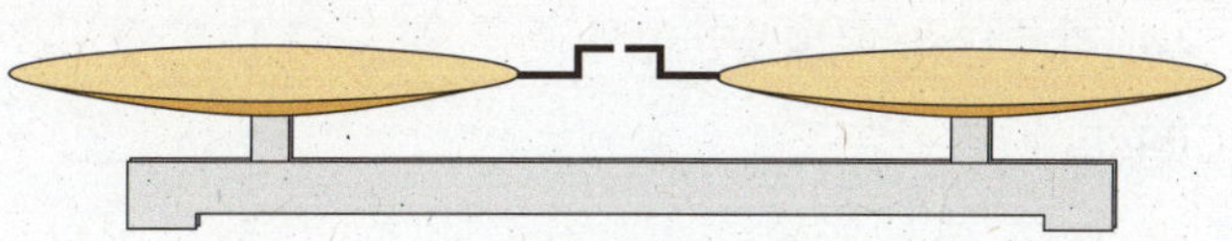

$4x + 3 = 2x + 7$

e)

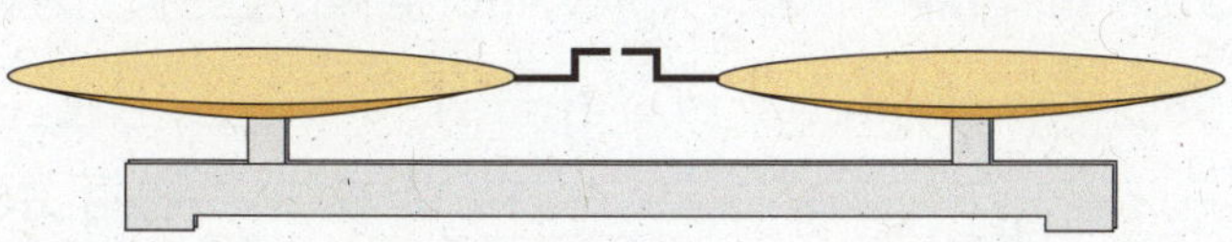

$x + 7 = 3x + 1$

f)

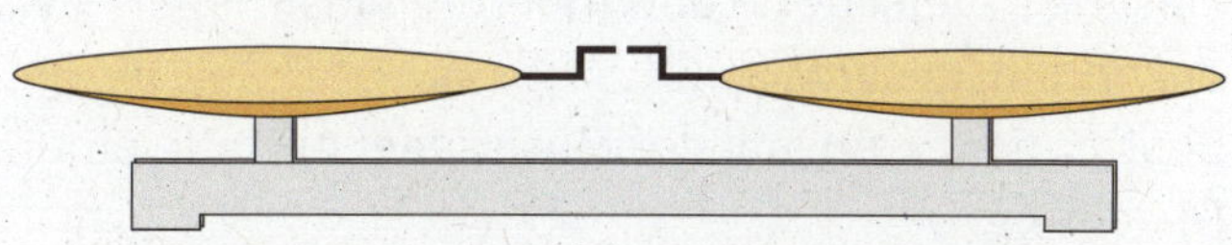

$5x + 1 = 4x + 3$

3 Ordne jedem Zahlenrätsel die entsprechende Gleichung zu.

Multipliziere die gesuchte Zahl mit 9 und addiere 11. Du erhältst 29.

$$9x + 11 = 29$$

A Multipliziere die gesuchte Zahl mit 4 und subtrahiere 8. Du erhältst 20.	① $4x + 8 = 20$	A	______
B Multipliziere die gesuchte Zahl mit 8 und addiere 4. Du erhältst 20.	② $8x + 4 = 20$	B	______
C Multipliziere die gesuchte Zahl mit 4 und addiere 8. Du erhältst 20.	③ $4x - 8 = 20$	C	______
D Multipliziere die gesuchte Zahl mit 8 und subtrahiere 4. Du erhältst 20.	④ $8x - 4 = 20$	D	______

4 Schreibe jedes Zahlenrätsel als Gleichung.

Multipliziere die gesuchte Zahl mit 6 und subtrahiere 17. Du erhältst 25.

die gesuchte Zahl: x

die gesuchte Zahl multipliziert mit 6: $6x$

die gesuchte Zahl multipliziert mit 6 und 17 subtrahiert: $6x - 17$

Ergebnis 25: $6x - 17 = 25$

a) Multipliziere die gesuchte Zahl mit 11 und addiere 16. Du erhältst 60.

die gesuchte Zahl: x

die gesuchte Zahl multipliziert mit 11: ______

die gesuchte Zahl multipliziert mit 11 und 16 addiert: ______

Ergebnis 60: ______

b) Multipliziere die gesuchte Zahl mit 11 und addiere 18. Du erhältst das Doppelte der gesuchten Zahl.

die gesuchte Zahl: x

die gesuchte Zahl multipliziert mit 11: ______

die gesuchte Zahl multipliziert mit 11 und 18 addiert: ______

das Doppelte der gesuchten Zahl: ______

Gleichung: ______

c) Das Achtfache der gesuchten Zahl ist genauso groß wie das Dreifache dieser Zahl vermehrt um 5.

die gesuchte Zahl: x

das Achtfache der gesuchten Zahl: ______

das Dreifache der gesuchten Zahl: ______

das Dreifache der gesuchten Zahl vermehrt um 5: ______

Gleichung: ______

d) Multipliziere die gesuchte Zahl mit 9 und subtrahiere 14. Du erhältst 40.

Gleichung: ______

e) Multipliziere die gesuchte Zahl mit 8 und addiere 16. Du erhältst das Fünffache der gesuchten Zahl.

Gleichung: ______

5 Eine Flasche Apfelschorle kostet 0,90 €, ein Müsliriegel 0,50 €.
Für den Wandertag ihrer Klasse kauft Celine eine Flasche Apfelschorle und mehrere Müsliriegel. Sie bezahlt insgesamt 3,40 €.
Bestimme die Anzahl der Müsliriegel mithilfe einer Gleichung.
Löse die Gleichung durch Probieren.

Preis für einen Müsliriegel (€): 0,50

Anzahl der Müsliriegel: x

Preis für eine Flasche Apfelschorle (€): ______

Gesamtpreis (€): ______

Gleichung: ______ $\cdot x +$ ______ $= 3{,}40$

Celine hat ______ Müsliriegel gekauft.

B Gleichungen lösen

1 Bestimme das Gewicht der Schachtel. Schreibe neben jede Waage die entsprechende Gleichung. Notiere, wie die Gleichung umgeformt wird.

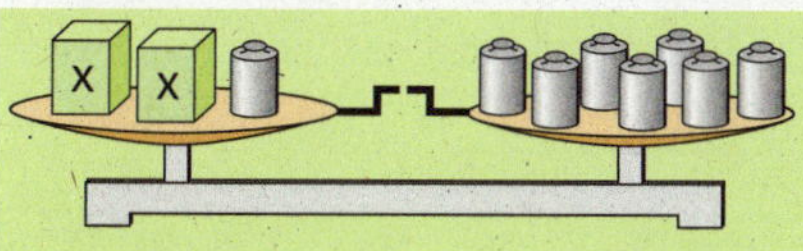

$2x + 1 = 7$

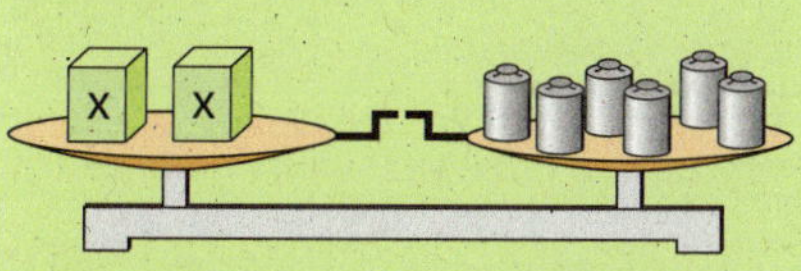

$2x = 6$

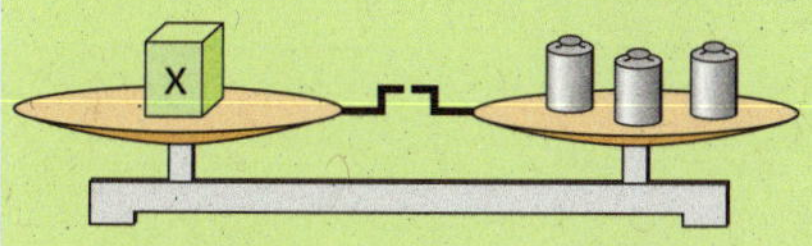

$x = 3$

$2x + 1 = 7$ | −1 | −1

$2x = 6$ | :2 | :2

$x = 3$

a)

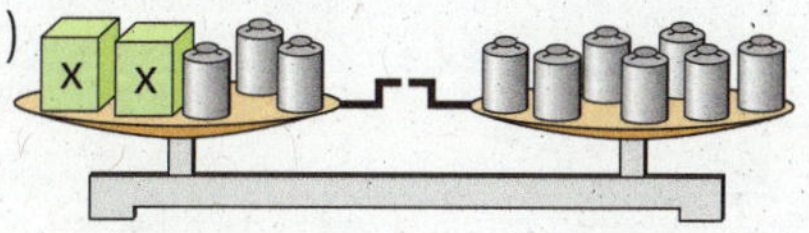

$2x + 3$ = 7

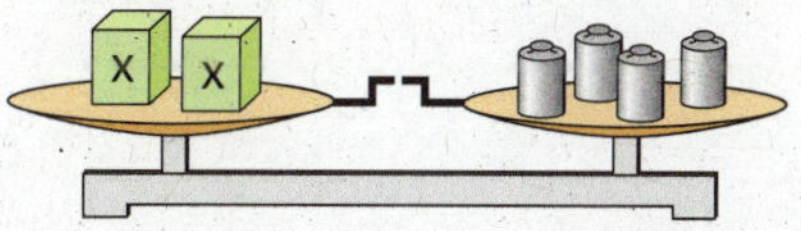

_____ = _____

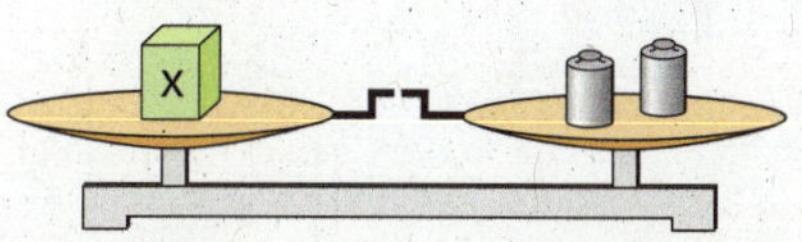

_____ = _____

$2x + 3 = 7$ | −3 | −3

___ = ___ | :2 | :2

___ = ___

b)

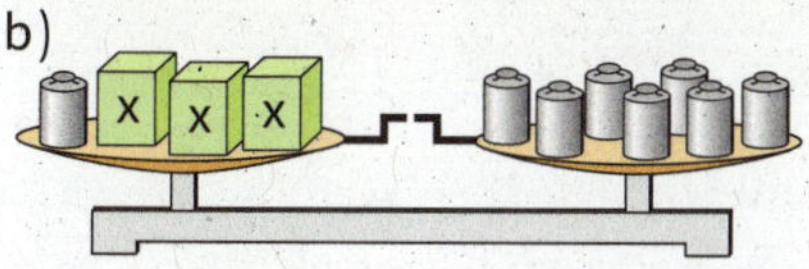

_____ = _____

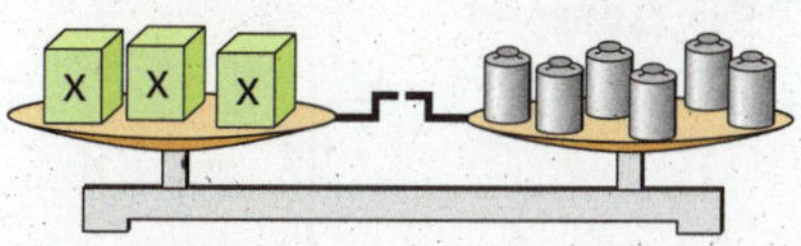

_____ = _____

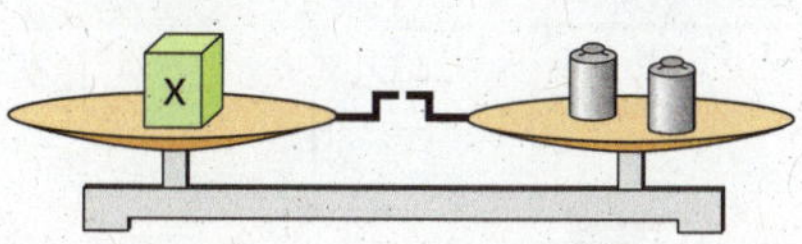

_____ = _____

___ = ___ | ☐ | ☐

___ = ___ | ☐ | ☐

___ = ___

c)

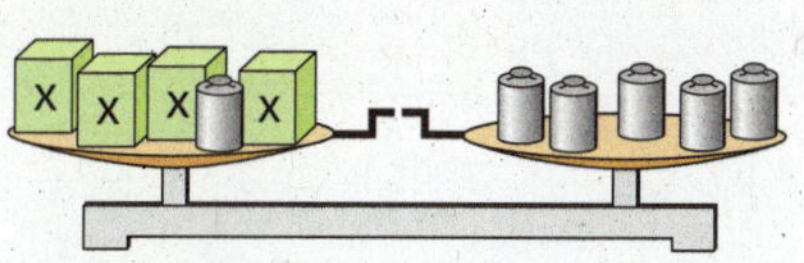

_____ = _____

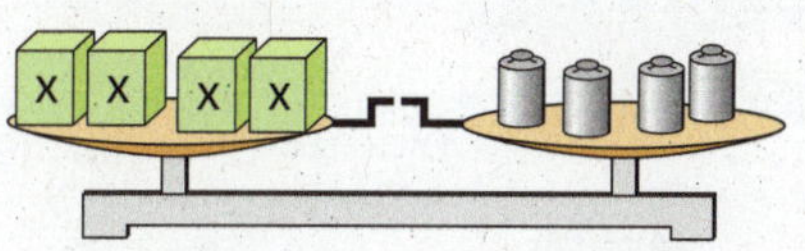

_____ = _____

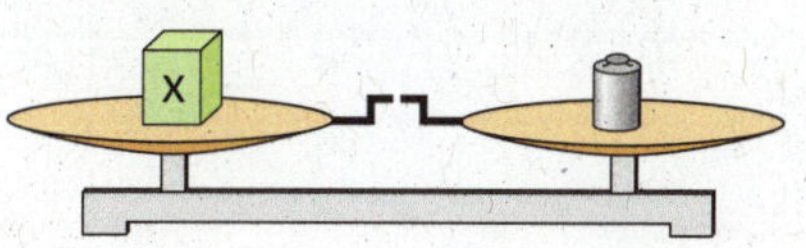

_____ = _____

___ = ___ | ☐ | ☐

___ = ___ | ☐ | ☐

___ = ___

2 Notiere die einzelnen Schritte der Umformung und gib die Lösung an.

$5x + 3 = 18$
| −3 | −3 |
$5x = 15$
| :5 | :5 |
$x = 3$

a) $11x + 9 = 20$
☐ ☐
$11x = 11$
☐ ☐
$x =$ ___

b) $9x + 20 = 56$
☐ ☐
$9x = 36$
☐ ☐
$x =$ ___

c) $5x + 11 = 46$
☐ ☐
$5x = 35$
☐ ☐
$x =$ ___

$8x - 1 = 15$
| +1 | +1 |
$8x = 16$
| :8 | :8 |
$x = 2$

d) $7x - 5 = 16$
☐ ☐
$7x = 21$
☐ ☐
$x =$ ___

e) $11x - 3 = 41$
☐ ☐
$11x = 44$
☐ ☐
$x =$ ___

f) $7x - 12 = 65$
☐ ☐
$7x = 77$
☐ ☐
$x =$ ___

3 Bestimme das Gewicht der Schachtel. Schreibe neben jede Waage die entsprechende Gleichung. Notiere, wie die Gleichung umgeformt wird.

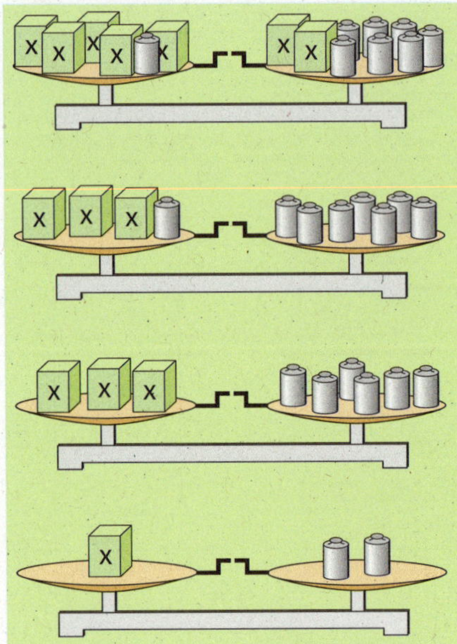

$5x + 1 = 2x + 7$

$-2x$ ↓ ↓ $-2x$

$3x + 1 = 7$

-1 ↓ ↓ -1

$3x = 6$

$:3$ ↓ ↓ $:3$

$x = 2$

a)

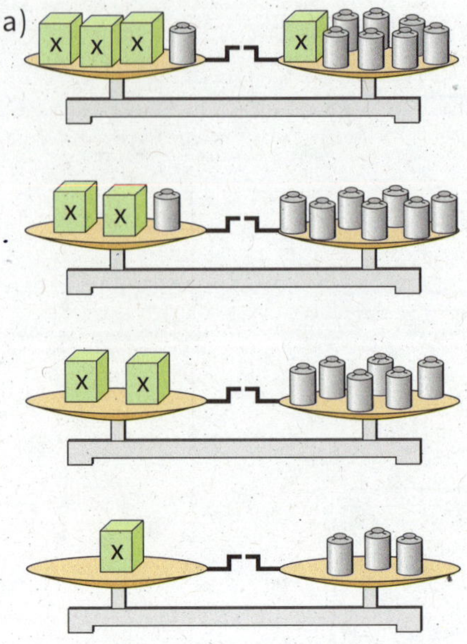

$3x + 1 = x + 7$

$-x$ ↓ ↓ $-x$

____ = ____

-1 ↓ ↓ -1

____ = ____

$:2$ ↓ ↓ $:2$

____ = ____

b)

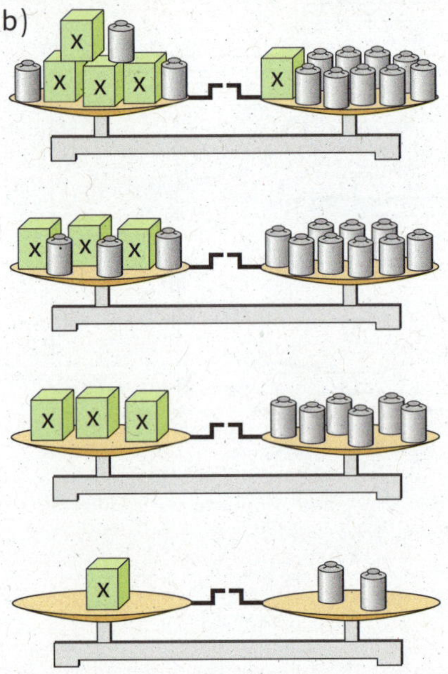

____ = ____

□ ↓ ↓ □

____ = ____

□ ↓ ↓ □

____ = ____

□ ↓ ↓ □

____ = ____

c)

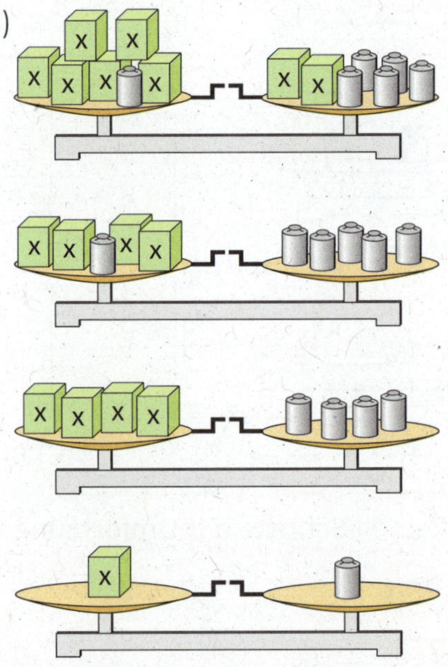

____ = ____

□ ↓ ↓ □

____ = ____

□ ↓ ↓ □

____ = ____

□ ↓ ↓ □

____ = ____

4 Notiere die einzelnen Schritte der Umformung und gib die Lösung an.

$6x - 5 = 2x + 3$

$-2x$ ↓ ↓ $-2x$

$4x - 5 = 3$

$+5$ ↓ ↓ $+5$

$4x = 8$

$:4$ ↓ ↓ $:4$

$x = 2$

a) $11x + 1 = 3x + 25$

□ ↓ ↓ □

$8x + 1 = 25$

□ ↓ ↓ □

$8x = 24$

□ ↓ ↓ □

x = ____

b) $9x - 10 = 4x + 5$

□ ↓ ↓ □

$5x - 10 = 5$

□ ↓ ↓ □

$5x = 15$

□ ↓ ↓ □

x = ____

c) $8x + 11 = 5x - 7$

□ ↓ ↓ □

$3x + 11 = -7$

□ ↓ ↓ □

$3x = -18$

□ ↓ ↓ □

x = ____

B Gleichungen lösen

$4x - 15$	$= 9$	$\mid + 15$
$4x$	$= 24$	$\mid : 4$
x	$= 6$	

$5x + 16$	$= 31$	$\mid - 16$
$5x$	$= 15$	$\mid : 5$
x	$= 3$	

5 Forme die Gleichung um und bestimme die Lösung.

a) $7x + 13 = 48 \quad \mid - 13$
$7x = \_\_\_\_ \quad \mid \_\_\_\_$
$x = \_\_\_\_$

b) $3x - 12 = 33 \quad \mid + 12$
$3x = \_\_\_\_ \quad \mid \_\_\_\_$
$x = \_\_\_\_$

c) $11x + 42 = 97 \quad \mid \_\_\_\_$
$\_\_\_\_ = \_\_\_\_ \quad \mid \_\_\_\_$
$x = \_\_\_\_$

6 Löse die Gleichung.

a) $11x - 34 = 10$

b) $15x - 23 = 22$

c) $13x + 51 = 90$

d) $17x + 32 = 100$

e) $19x - 29 = 66$

f) $25x - 16 = 59$

7 Löse die Gleichung wie im Beispiel.

$5x + 3x$	$- 2$	$= 30$	
$8x$	$- 2$	$= 30$	$\mid + 2$
$8x$		$= 32$	$\mid : 8$
x		$= 4$	

a) $11x + 4x - 8 = 67$

b) $9x - 2x - 13 = 64$

8 Lukas hat beim Umformen der Gleichung einen Fehler gemacht. Kreise den Fehler ein.

a)

$11x - 22$	$= 66$	$\mid - 22$
$11x$	$= 44$	$\mid : 11$
x	$= 4$	

b)

$6x - 15$	$= 21$	$\mid - 15$
$6x$	$= 36$	$\mid : 6$
x	$= 6$	

c)

$8x + 12$	$= 20$	$\mid - 12$
$8x$	$= 8$	$\mid : 8$
x	$= 0$	

9 Forme die Gleichung um und bestimme die Lösung.

$15x - 12 = 9x + 48$		$\mid -9x$
$6x - 12$	$= 48$	$\mid +12$
$6x$	$= 60$	$\mid :6$
x	$= 10$	

a) $5x - 12 = 2x + 21 \quad \mid -2x$

$\_\_\_\_ - 12 = \_\_\_\_ \quad \mid +12$

$\_\_\_\_ = \_\_\_\_ \quad \mid \_\_\_\_$

$x = \_\_\_\_$

b) $9x + 23 = 4x + 38 \quad \mid \_\_\_\_$

$\_\_\_\_ + 23 = \_\_\_\_ \quad \mid \_\_\_\_$

$\_\_\_\_ = \_\_\_\_ \quad \mid \_\_\_\_$

$x = \_\_\_\_$

10 Löse die Gleichung.

a) $15x - 27 = 9x + 33$

b) $13x + 53 = 4x + 62$

c) $20x + 51 = 12x - 5$

d) $19x - 29 = 5x + 69$

e) $21x - 4 = 17x - 12$

f) $25x + 56 = 17x + 72$

11 Löse die Gleichung wie im Beispiel.

$9x - 2 + 3x$	$= 11 + 2x - 3$	
$12x - 2$	$= 2x + 8$	$\mid -2x$
$10x - 2$	$= 8$	$\mid +2$
$10x$	$= 10$	$\mid :10$
x	$= 1$	

a) $13x + 4x - 8 = 23 + 2x + 29$

b) $8x - 7 + 2x + 12 = 6 - 2x - 25$

12 Laura hat beim Umformen der Gleichung einen Fehler gemacht. Kreise den Fehler ein.

a)

$21x - 25$	$= 5x + 71$	$\mid -5x$
$16x - 25$	$= 71$	$\mid +25$
$16x$	$= 96$	$\mid :16$
x	$= 7$	

b)

$15x + 13$	$= 13x + 17$	$\mid -13x$
$2x - 13$	$= 17$	$\mid -13$
$2x$	$= 4$	$\mid :2$
x	$= 2$	

c)

$19x - 2 - 6x$	$= 3x - 24$	
$11x$	$= 3x - 24$	$\mid -3x$
$8x$	$= -24$	$\mid :8$
x	$= -3$	

C Gleichungen mit Klammern

$3(x-5)$	$=6$	
$3x-15$	$=6$	$\mid +15$
$3x$	$=21$	$\mid :3$
x	$=7$	

$4(2x+7)$	$=52$	
$8x+28$	$=52$	$\mid -28$
$8x$	$=24$	$\mid :8$
x	$=3$	

1 Forme die Gleichung um und bestimme die Lösung.

a) $7(x+3) = 49$
$7x +$ ___ $=$ ___ | ___
$7x =$ ___ | ___
$x =$ ___

b) $9(x-2) = 63$
___ $x -$ ___ $=$ ___ | ___
___ $x =$ ___ | ___
$x =$ ___

c) $5(3x-4) = 40$
___ $x -$ ___ $=$ ___ | ___
___ $x =$ ___ | ___
$x =$ ___

2 Löse die Gleichung.

a) $7(x+8) = 84$

b) $4(x-7) = 100$

c) $12(x+1) = 96$

d) $9(x-4) = 108$

e) $3(2x+5) = 27$

f) $78 = 6(x+5)$

g) $57 = 3(x-3)$

h) $12(3x+1) = 120$

i) $68 = 4(5x-3)$

3 Beim Umformen der Gleichung hat Ben einen Fehler gemacht. Kreise den Fehler ein.

a)

$4(x-8)$	$=12$	
$4x-8$	$=12$	$\mid +8$
$4x$	$=20$	$\mid :4$
x	$=5$	

b)

$7(x-2)$	$=49$	
$7x-14$	$=49$	$\mid +14$
$7x$	$=35$	$\mid :7$
x	$=5$	

c)

$3(5x-2)$	$=54$	
$5x-6$	$=54$	$\mid +6$
$5x$	$=60$	$\mid :5$
x	$=12$	

C Gleichungen mit Klammern

$$
\begin{aligned}
7(x-3)+4x &= 33-5(x-2) \\
7x-21+4x &= 33-5x+10 \\
11x-21 &= 43-5x \qquad |+5x \\
16x-21 &= 43 \qquad |+21 \\
16x &= 64 \qquad |:16 \\
x &= 4
\end{aligned}
$$

1. Klammern auflösen.
2. Gleichartige Summanden zusammenfassen.
3. Umformen, so dass auf einer Seite ein x alleine steht.

4 Löse die Gleichung.

a) $7(x-4)=3(x-8)$

b) $8(x+5)+6(x-2)=42$

c) $11(x+3)-(x+5)=68$

d) $15(x-3)=5(x+7)$

e) $12(x+5)-90=9(x-3)$

f) $-2(x+4)+100=7(2x-12)$

g) $9(x-7)-5(x-2)=6(x-9)-21$

h) $25-8(x-5)+7x=4(x-2)+23$

5 Beim Umformen der Gleichung hat Ella einen Fehler gemacht. Kreise den Fehler ein.

a)
$$
\begin{aligned}
4(x-8) &= 12 \\
4x-8 &= 12 \qquad |+8 \\
4x &= 20 \qquad |:4 \\
x &= 5
\end{aligned}
$$

b)
$$
\begin{aligned}
2(x-4)-(x-12) &= 8 \\
2x-8-x-12 &= 8 \\
x-20 &= 8 \qquad |+20 \\
x &= 28
\end{aligned}
$$

c)
$$
\begin{aligned}
5(x+2)-3(4x-1) &= 7 \\
5x-10-4x+3 &= 7 \\
x-7 &= 7 \qquad |+7 \\
x &= 14
\end{aligned}
$$

C Gleichungen mit Klammern

Jeder Summand der ersten Klammer wird mit jedem Summanden der zweiten Klammer multipliziert.

$$\begin{aligned} (x+2)(x+3) &= x^2+16 \\ x^2+2x+3x+6 &= x^2+16 \\ x^2+5x+6 &= x^2+16 & &|-x^2 \\ 5x+6 &= 16 & &|-6 \\ 5x &= 10 & &|:5 \\ x &= 2 \end{aligned}$$

$$\begin{aligned} (x-4)(x-5) &= x^2-7 \\ x^2-5x-4x+20 &= x^2-7 \\ x^2-9x+20 &= x^2-7 & &|-x^2 \\ -9x+20 &= -7 & &|-20 \\ -9x &= -27 & &|:(-9) \\ x &= 3 \end{aligned}$$

6 Löse die Gleichung.

a) $(x+3)(x+4) = x^2+19$

b) $(x-2)(x-8) = x^2-84$

c) $(x+1)(x+6) = x(x+9)$

1. binomische Formel: $(a+b)^2 = a^2+2ab+b^2$
2. binomische Formel: $(a-b)^2 = a^2-2ab+b^2$
3. binomische Formel: $(a+b)(a-b) = a^2-b^2$

$(x+7)^2 = x^2+2\cdot 7x+7^2 = x^2+14x+49$

$(x-10)^2 = x^2-2\cdot 10x+10^2 = x^2-20x+100$

$(x+5)(x-5) = x^2-5x+5x-5^2 = x^2-25$

7 Löse die Gleichung mithilfe der binomischen Formeln.

a) $(x-6)^2 = (x+2)^2$

b) $(x+4)^2 = (x+8)(x-8)$

c) $(x-1)^2 = (x+3)(x-3)$

D Gleichungen aufstellen und lösen

1 Die Schenkel eines gleichschenkligen Dreiecks sind 5 cm länger als die Grundseite. Der Umfang des Dreiecks beträgt 34 cm. Bestimme die Länge der Grundseite mithilfe einer Gleichung. Gib dann die Länge eines Schenkels an.

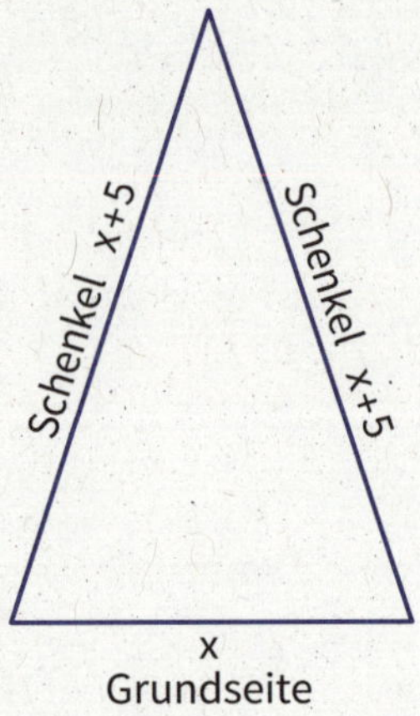

Länge der Grundseite: x

Länge eines Schenkels: $x + 5$

Umfang des Dreiecks: $x \ + \ x+5 \ + \ x+5$

Gleichung: $x+x+5+x+5=34$

Länge der Grundseite: ______ cm

Länge eines Schenkels: ______ cm

2 Frau Müller geht mit Kindern aus der Nachbarschaft ins Spaßbad. Für den Eintritt bezahlt sie insgesamt 20 € .
Bestimme die Anzahl der Kinder mithilfe einer Gleichung.

Eintrittspreis für Frau Müller (€): ______

Eintrittspreis für ein Kind (€): ______

Anzahl der Kinder: x

Gleichung: ________________ = ______

Anzahl der Kinder: ______

3

Die gesuchte Zahl: ______________

Die gesuchte Zahl multipliziert mit 12: ______________

Die gesuchte Zahl multipliziert mit 12 und 14 subtrahiert: ______________

Gleichung: ______________

Die gesuchte Zahl heißt ______.

4 Multipliziere die gesuchte Zahl mit 11 und subtrahiere 18. Du erhältst das Achtfache der gesuchten Zahl.

Gleichung: ____________________

Die gesuchte Zahl heißt ______.

5 Addiere das Neunfache und das Dreifache der gesuchten Zahl. Du erhältst das Doppelte dieser Zahl vermehrt um 50.

Gleichung: ____________________

Die gesuchte Zahl heißt ______.

6 Multipliziere die gesuchte Zahl mit 12 und subtrahiere 18. Du erhältst das Achtfache der gesuchten Zahl vermehrt um 14.

Gleichung: ____________________

Die gesuchte Zahl heißt ______.

7 Addiere 5 zur gesuchten Zahl und multipliziere die Summe mit 9. Du erhältst 108.

Gleichung: ____________________

Die gesuchte Zahl heißt ______.

8 Für den Kunstunterricht kauft Aynur einen Zeichenblock und mehrere Pinsel.
Ein Zeichenblock kostet 2,10 €, ein Pinsel 1,50 €.
Insgesamt bezahlt Aynur 6,60 €.
Wie viele Pinsel hat sie gekauft?

Gleichung: ____________________

Aynur hat ______ Pinsel gekauft.

9 Tim möchte neue Inline-Skates kaufen. Dazu benötigt er 152 €. Jeden Monat legt er 12 € von seinem Taschengeld zurück. Zum Geburtstag erhält er von seinen Großeltern 80 €.
Wie viele Monate hat er gespart?

Gleichung: ____________________

Tim hat ______ Monate gespart.

10

Alter von Mia: x   Alter von Mias Bruder: ______

Gleichung: ____________________

Mia ist ____ Jahre alt, ihr Bruder ist ____ Jahre alt.

11 Das Dreieck ABC hat einen Umfang von 67 cm. Die Seite $\overline{BC}$ ist 6 cm kürzer als die Seite $\overline{AB}$. Die Seite $\overline{AC}$ ist 4 cm länger als $\overline{AB}$.

Gleichung: ______________________

$\overline{AB}$ = _____ cm, $\overline{BC}$ = _____ cm, $\overline{AC}$ = _____ cm

12 In einem Dreieck ABC ist der Winkel β um 15° kleiner als der Winkel α. Der Winkel γ ist 18° größer als der Winkel α.

Gleichung: ______________________

α = _____°, β = _____°, γ = _____°

13 In einem Viereck ist die Seite $\overline{BC}$ drei Mal so lang wie die Seite $\overline{AB}$. Die Seite $\overline{CD}$ ist vier Mal so lang wie $\overline{AB}$ und die Seite $\overline{DA}$ doppelt so lang wie $\overline{AB}$. Der Umfang des Vierecks beträgt 20 cm.

Gleichung: ______________________

$\overline{AB}$ = _____ cm, $\overline{BC}$ = _____ cm, $\overline{CD}$ = _____ cm,

$\overline{DA}$ = _____ cm

14 In einem Viereck ist der Winkel α genauso groß wie der Winkel β. Der Winkel γ ist 10° größer als der Winkel α, der Winkel δ ist doppelt so groß wie der Winkel α.

Gleichung: ______________________

α = _____°, β = _____°, γ = _____, δ = _____°

15 In einem Rechteck ist eine Seite 11 cm kürzer als die andere. Verlängert man die längere Seite um 5 cm, wird der Flächeninhalt des Rechtecks 30 cm² größer. Bestimme die Seitenlängen des ursprünglichen Rechtecks.

längere Seite: _____ cm kürzere Seite: _____ cm

16 In einem Rechteck ist eine Seite 8 cm länger als die andere. Verkürzt man die kürzere Seite um 3 cm, wird der Flächeninhalt des Rechtecks 30 cm² kleiner. Bestimme die Seitenlängen des ursprünglichen Rechtecks.

längere Seite: _____ cm kürzere Seite: _____ cm

1 Löse die Gleichung.

a) $11x - 4(x + 3) = 2(x - 8) - 11$

b) $1 + 4(x + 8) = -2(x + 10) - 7$

c) $(x + 9)^2 + (x - 8)^2 = 2x^2 + 19$

d) $(2x - 3)^2 + (3x + 5)^2 = 13x^2 + 70$

2 Der Flächeninhalt der Figur ist angegeben. Bestimme x.

a)

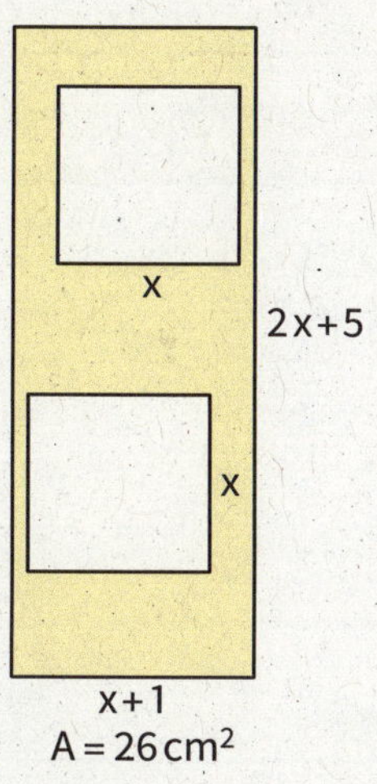

b)

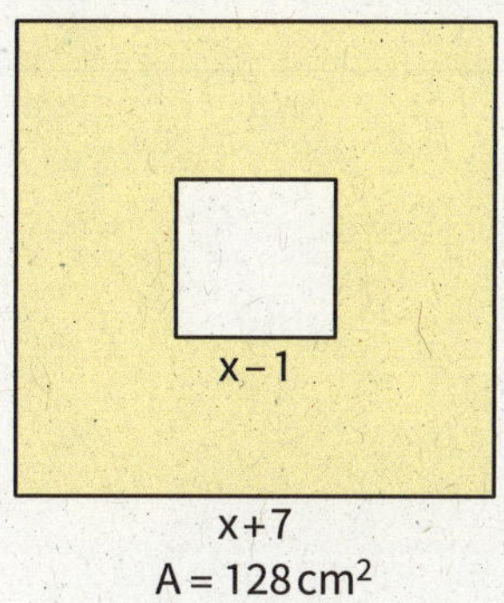

3 Ergänze die Gleichungen, sodass sich eine korrekte Umformung ergibt.

a)		b)		c)	
____ x − 9 = 2x + 7	| − 2x	9x − ____ = ____ + 10	| − 5x	____ − ____ = ____ + ____	| − 3x
8x − ____ = 7	| + ____	____ − 24 = ____	| + ____	____ − ____ = 8	| + 2
8x = 16	| : 8	____ = ____	| ____	____ = ____	| : 5
x = ____		x = ____		x = 2	

4 Der Umfang der Figur ist angegeben. Bestimme x.

a)
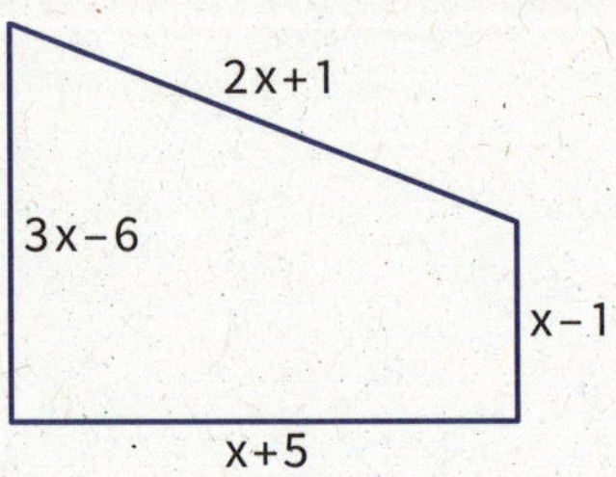

u = 48 cm

b)
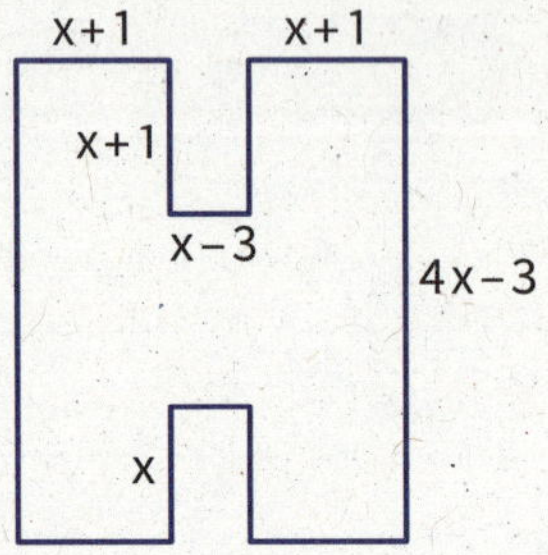

u = 120 cm

c)
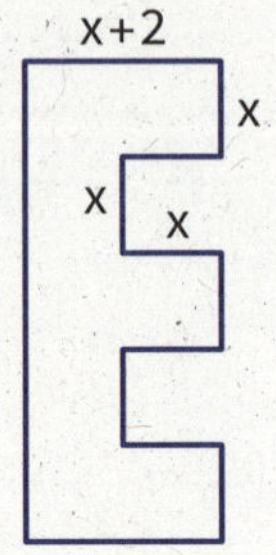

u = 36 cm

d)
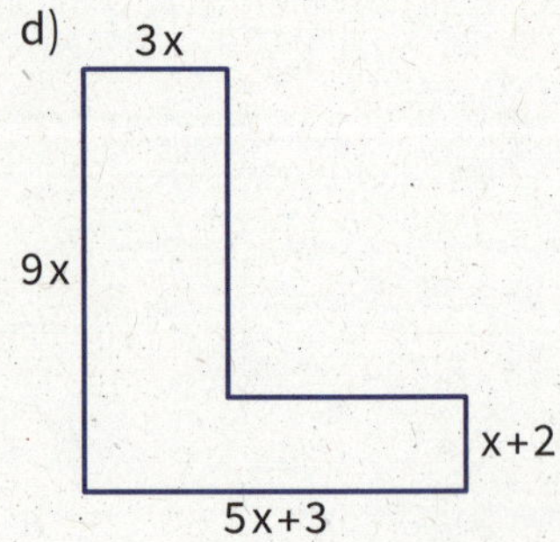

u = 34 cm

5 Schreibe auf jeden Stein der Mauer die Summe der Terme auf den beiden darunter liegenden Steinen. Vereinfache dabei die Terme soweit wie möglich. Bestimme dann x.

a)
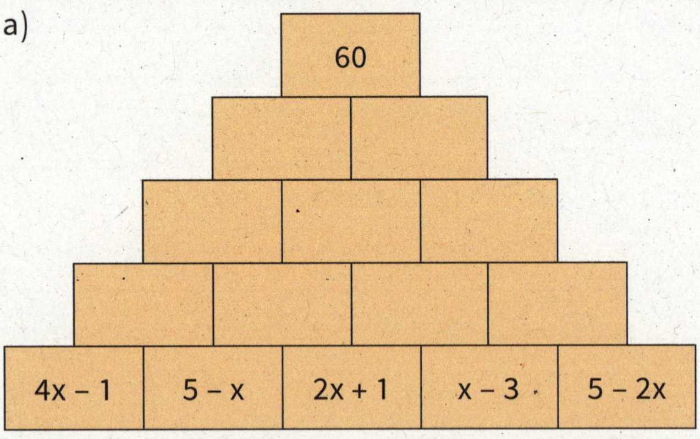

b)
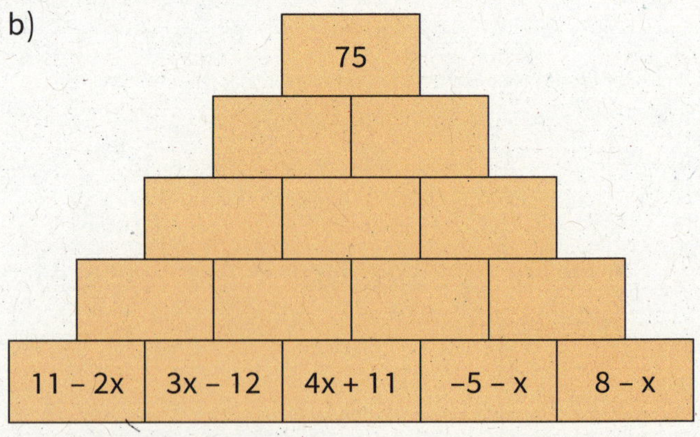

6 Der Flächeninhalt der Figur ist angegeben. Bestimme x.

a)

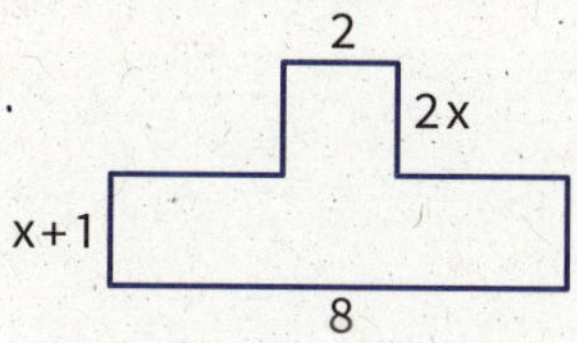

$A = 20\ cm^2$

b)

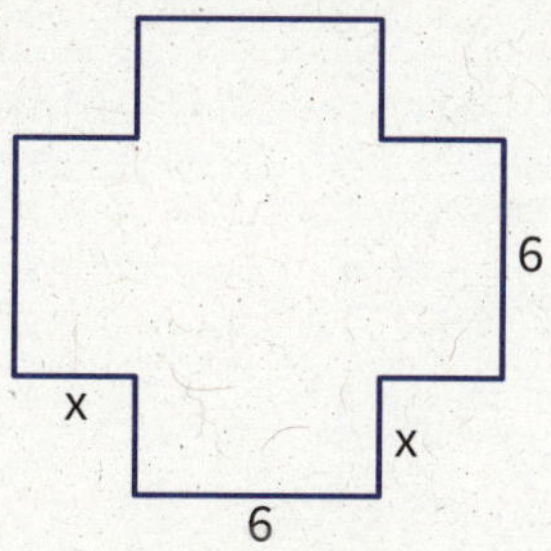

$A = 108\ cm^2$

c)

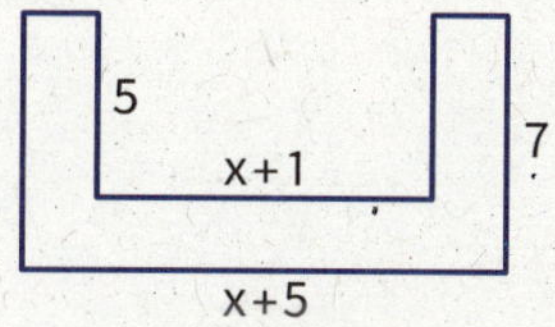

$A = 46\ cm^2$

d)

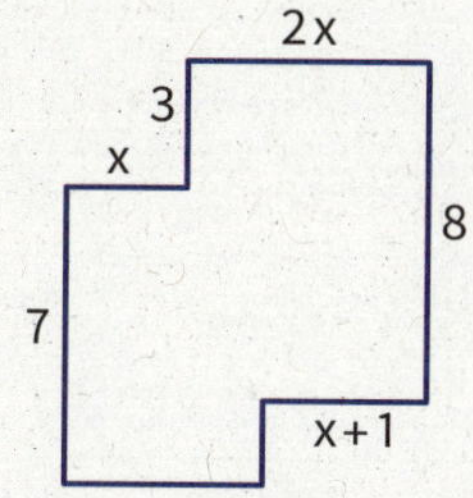

$A = 73\ cm^2$

7 Auf jedem Stein steht die Summe der Terme auf den beiden darunter liegenden Steinen. Ergänze die fehlenden Terme. Bestimme dann x.

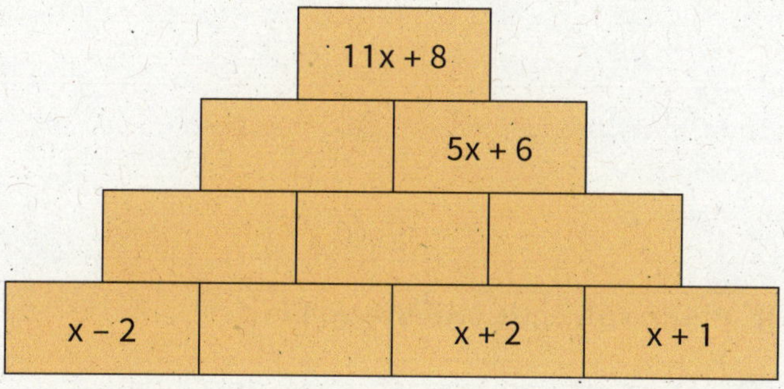

8 Eine Pflanze ist 67 cm hoch und wächst 2 cm pro Woche. Eine andere Pflanze ist 79 cm hoch und wächst 0,5 cm pro Woche. Nach wie vielen Wochen haben beide Pflanzen dieselbe Höhe?

Antwort: ______________________________

9 a) Eine Kerze ist 26 cm hoch, eine andere 24 cm. Durch das Abbrennen verringert sich die Höhe der ersten Kerze um 2 cm pro Stunde, die der zweiten um 1,5 cm pro Stunde. Nach wie vielen Stunden sind beide Kerzen gleich hoch?

Antwort: ______________________________

b) Prüfe, ob du dieselbe Aufgabe auch lösen kannst, wenn die erste Kerze zu Beginn 20 cm hoch ist und die zweite 10 cm.

Antwort: ______________________________

____

A Flächeninhalt ebener Figuren

1 Berechne den Flächeninhalt der abgebildeten Figur. Entnimm die dafür notwendigen Längen der Abbildung. Zeichne gegebenenfalls Hilfslinien ein.

Rechteck

A = ____________

Trapez

A = ____________

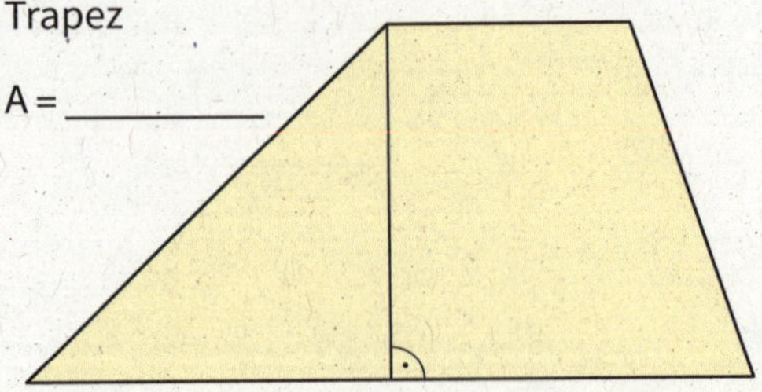

Parallelogramm

A = ____________

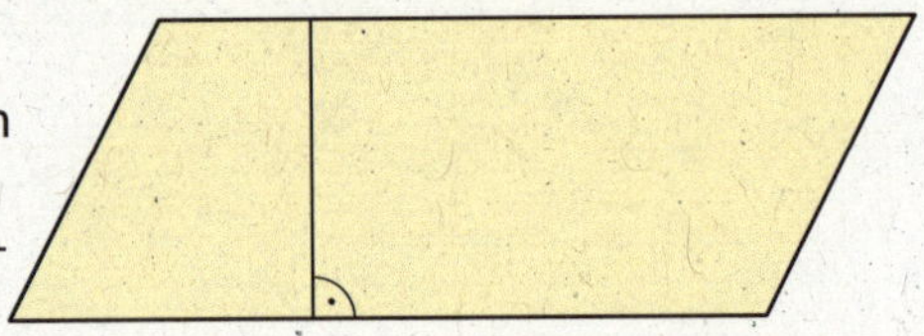

Dreieck

A = ____________

B Flächeninhalt von Vielecken

1 Bestimme den Flächeninhalt des abgebildeten Vielecks.

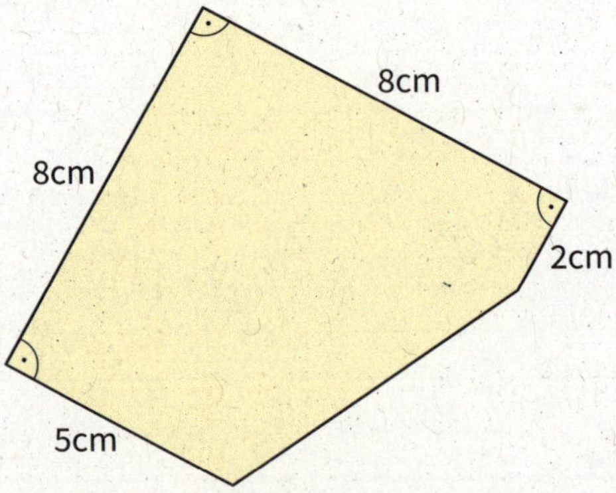

Flächeninhalt des Vielecks: ____________________

2 Berechne den Flächeninhalt des Sechsecks ABCDEF (Einheit im abgebildeten Koordinatensystem: 1 cm). Ergänze dazu im Koordinatensystem weitere Hilfslinien.

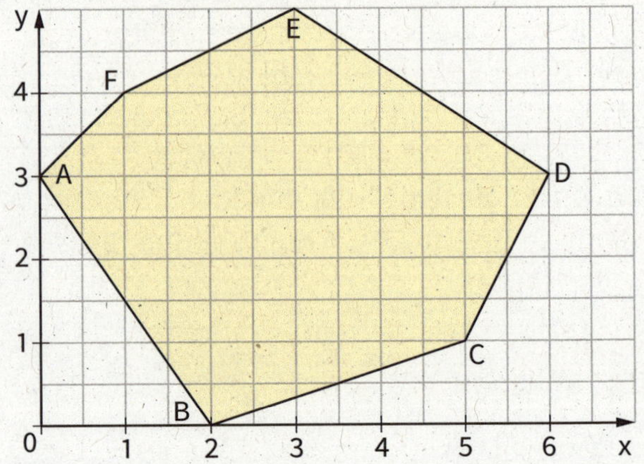

Flächeninhalt des Sechsecks: ____________________

C Oberflächeninhalt und Volumen eines Prismas

1 Bestimme jeweils den Oberflächeninhalt und das Volumen des Prismas.

a)

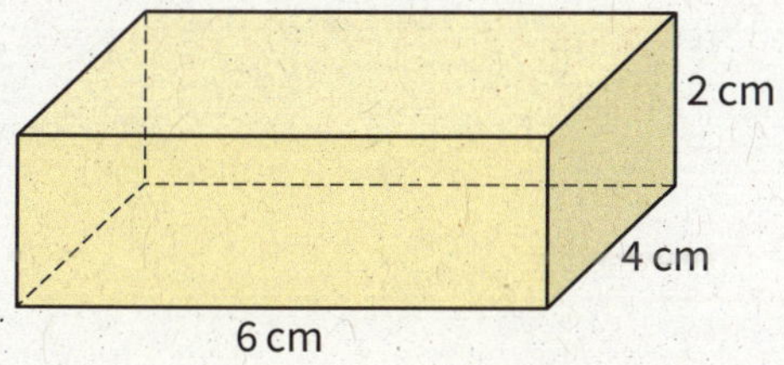

O = ______________ V = ______________

b)

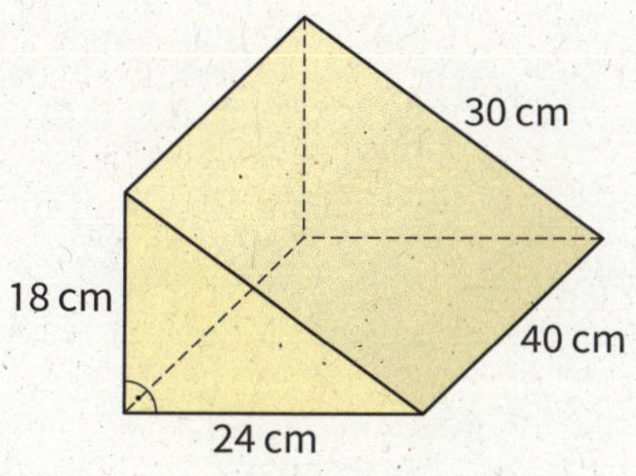

O = ______________ V = ______________

D Sachaufgaben

1 Berechne anhand der Abbildung die Größe der bebauten und der unbebauten Fläche.

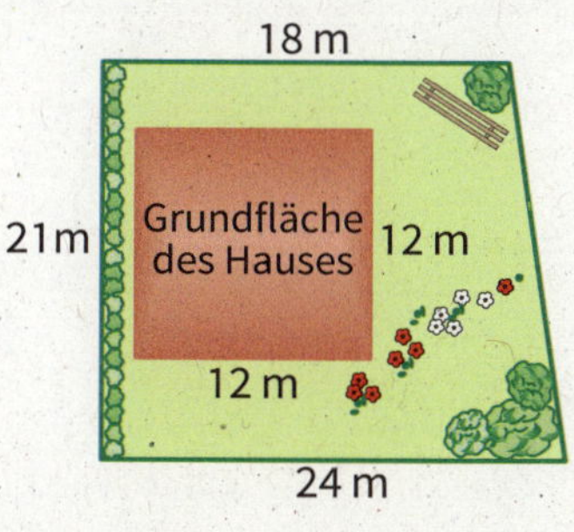

Inhalt der bebauten Fläche: ______________

Inhalt der unbebauten Fläche : ______________

2 Die Abbildung zeigt den Querschnitt eines Deiches. Wie viel Kubikmeter Erde müssen für einen 2,5 km langen Deichabschnitt aufgeschüttet werden?

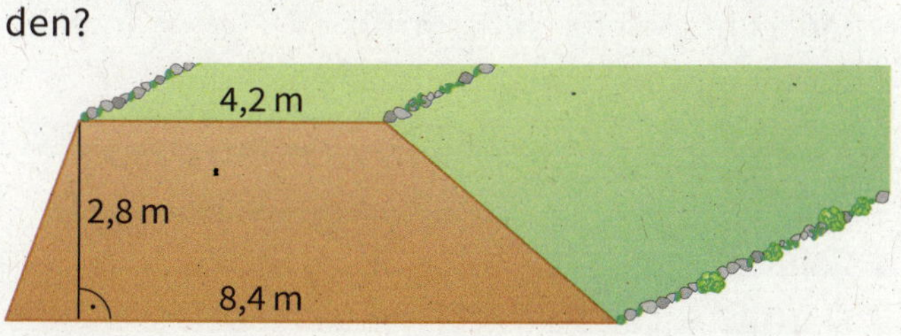

Antwort: ____

Kreuze deine richtigen Ergebnisse an.

A Flächeninhalt ebener Figuren

1 Rechteck: A = 12 cm^2 ☐ Parallelogramm A = 10 cm^2 ☐
Trapez: A = 12 cm^2 ☐ Dreieck: A = 9 cm^2 ☐

B Flächeninhalt von Vielecken

1 Flächeninhalt des Vielecks: 55 cm^2 ☐

2 Flächeninhalt des Sechsecks: 18 cm^2 ☐

C Oberflächeninhalt und Volumen eines Prismas

1 a) O = 88 cm^2 ☐ V = 48 cm^3 ☐ b) O = 3312 cm^2 ☐ V = 8640 cm^3 ☐

D Sachaufgaben

1 Inhalt der bebauten Fläche: 144 m^2 ☐ Inhalt der unbebauten Fläche: 297 m^2 ☐

2 44 100 m^3 Erde müssen abgefahren werden. ☐

Tabelle zur Selbsteinschätzung

Kreuze für jedes Teilthema das Feld an, das nach deiner Einschätzung für dich zutrifft. Die Seitenangabe in dem angekreuzten Feld nennt dir dann die Seite, auf der du weiterarbeiten solltest.

Teilthemen	Ich hatte bei fast allen Aufgaben Schwierigkeiten.	Ich hatte bei einigen Aufgaben Schwierigkeiten.	Ich hatte bei allen Aufgaben keine Schwierigkeiten
A	☐ Seite 23	☐ Seite 24	☐ Seite 36
B	☐ Seite 26	☐ Seite 27	☐ Seite 36
C	☐ Seite 29	☐ Seite 31	☐ Seite 36
D	☐ Seite 33	☐ Seite 35	☐ Seite 36

A Flächeninhalt ebener Figuren

Rechteck

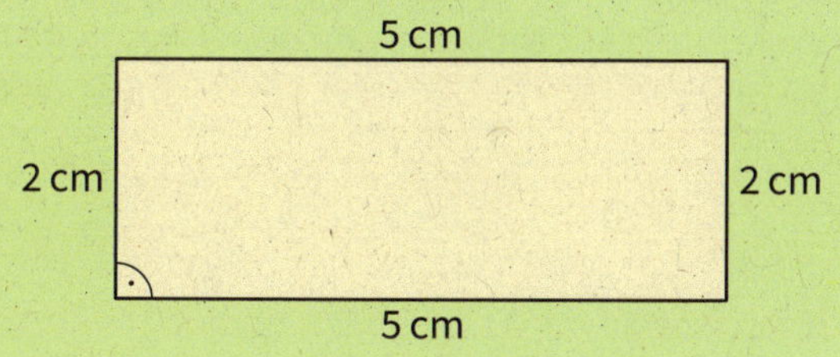

Quadrat

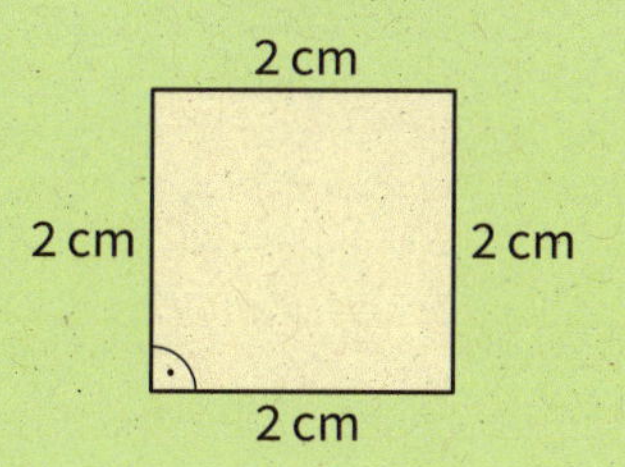

Flächeninhalt A des Rechtecks

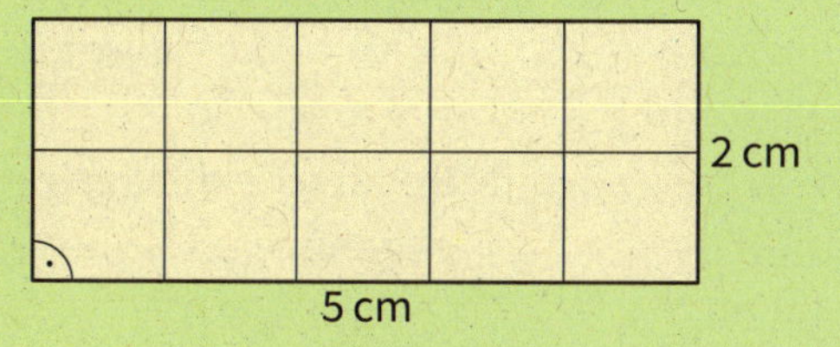

$A = 5 \cdot 2 = 10$
$A = 10\ cm^2$

Flächeninhalt A des Quadrats

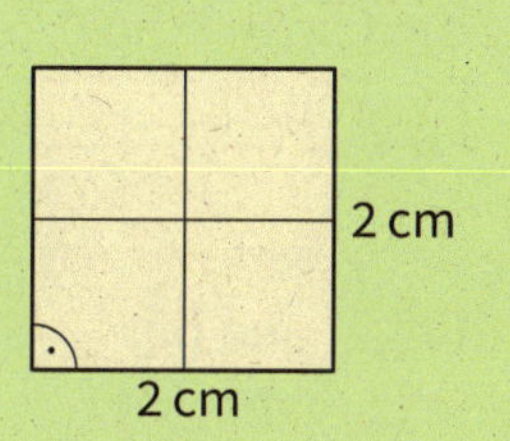

$A = 2 \cdot 2 = 4$
$A = 4\ cm^2$

1 Die Abbildung zeigt Rechtecke und Quadrate. Miss jeweils die Seitenlängen und beschrifte die Figur. Berechne den Flächeninhalt der einzelnen Figuren. Ergänze die Tabelle.

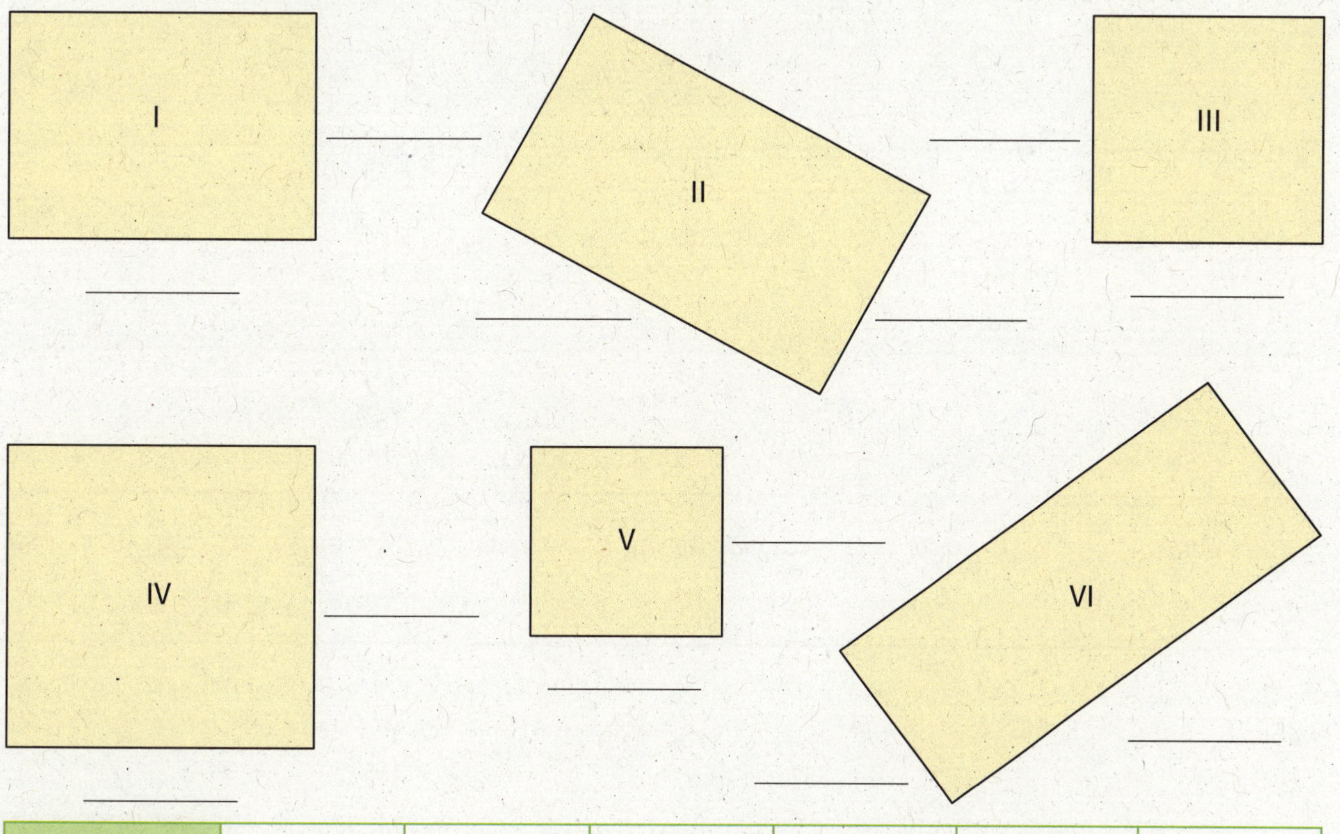

	I	II	III	IV	V	VI
Figur	Rechteck					
Flächeninhalt						

So kannst du den Flächeninhalt eines **Parallelogramms** bestimmen:

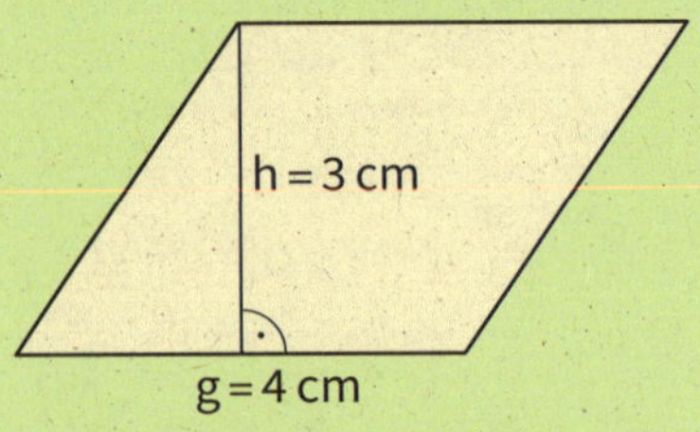

1. Bestimme die Länge einer Seite (Grundseite).
   g = 4 cm
2. Bestimme den Abstand zur gegenüberliegenden parallelen Seite (zugehörige Höhe).
   h = 3 cm
3. Multipliziere beide Längen miteinander.
   $A = 4 \cdot 3 = 12$
   $A = 12\ cm^2$

So kannst du den Flächeninhalt eines **Trapezes** bestimmen:

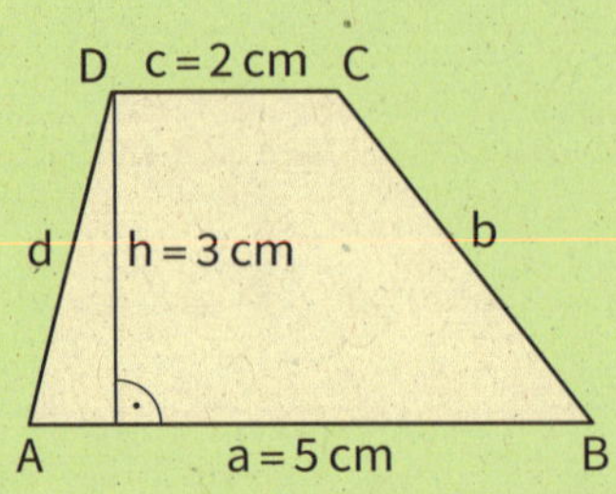

1. Bestimme die Längen der zueinander parallelen Seiten.
   a = 5 cm; c = 2 cm
2. Bestimme den Abstand der parallelen Seiten (Höhe).
   h = 3 cm
3. Addiere beide Längen und multipliziere die Summe mit der Länge der Höhe. Dividiere das Ergebnis durch 2.
   $A = \frac{(5+2) \cdot 3}{2} = 10{,}5$
   $A = 10{,}5\ cm^2$

So kannst du den Flächeninhalt eines **Dreiecks** bestimmen:

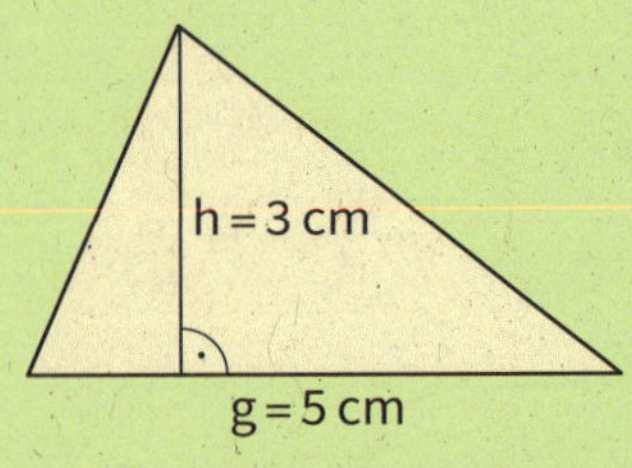

1. Bestimme die Länge einer Seite (Grundseite).
   g = 5 cm
2. Bestimme die Länge der zugehörigen Höhe.
   h = 3 cm
3. Multipliziere beide Längen miteinander. Dividiere das Ergebnis durch 2.
   $A = \frac{5 \cdot 3}{2} = 7{,}5$
   $A = 7{,}5\ cm^2$

2 Bestimme den Flächeninhalt der Figur. Miss dazu die notwendigen Längen.

a)

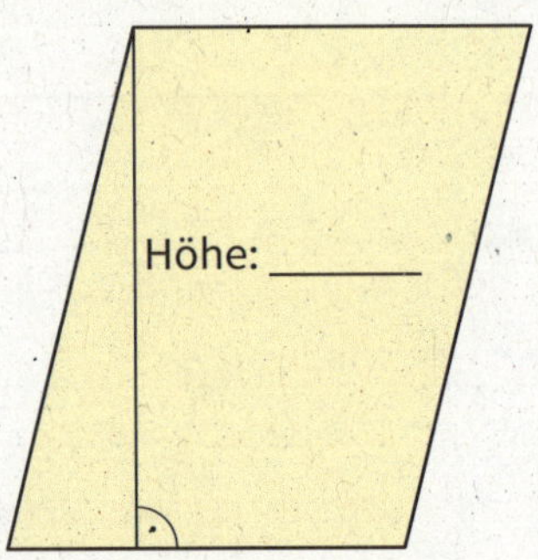

Grundseite: ______

b)

Grundseite: ______

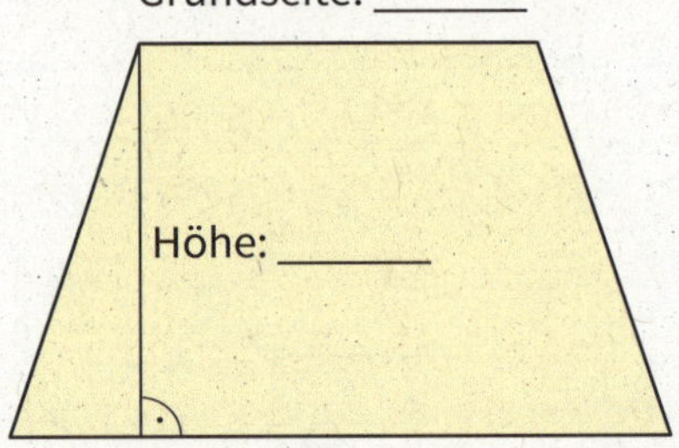

Grundseite: ______

c)

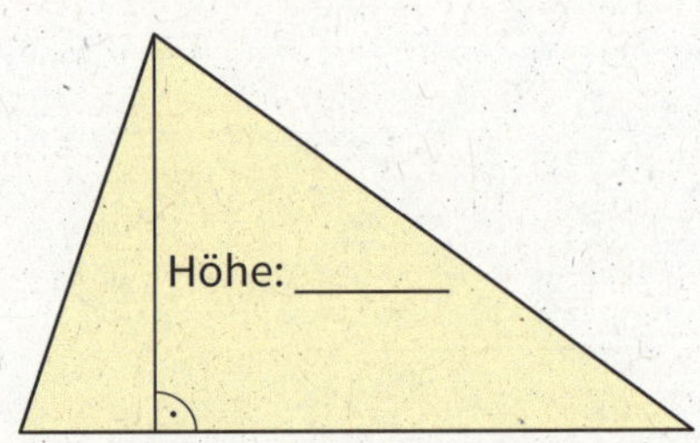

Grundseite: ______

A = ______________________

A = ______________________

A = ______________________

Parallelogramm

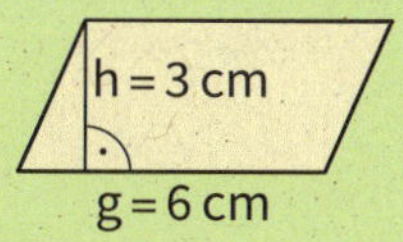

$\mathbf{A = g \cdot h}$

$A = 6 \cdot 3 = 18$

Der Flächeninhalt beträgt 18 cm².

Trapez

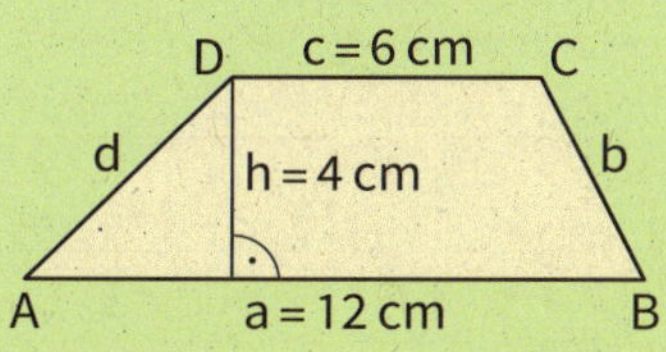

$\mathbf{A = \frac{(a + c) \cdot h}{2}}$

$A = \frac{(12 + 6) \cdot 4}{2} = 36$

Der Flächeninhalt beträgt 36 cm².

Dreieck

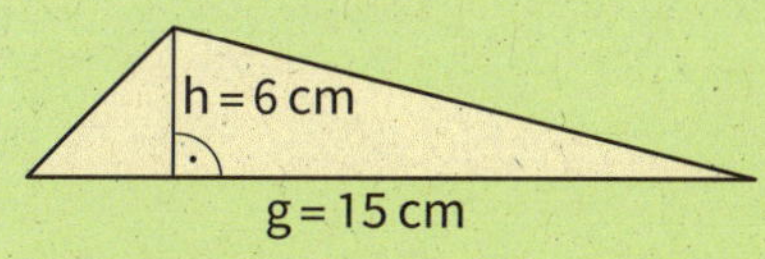

$\mathbf{A = \frac{g \cdot h}{2}}$

$A = \frac{15 \cdot 6}{2} = 45$

Der Flächeninhalt beträgt 45 cm².

3 Berechne den Flächeninhalt der Figur.

a) A = ________

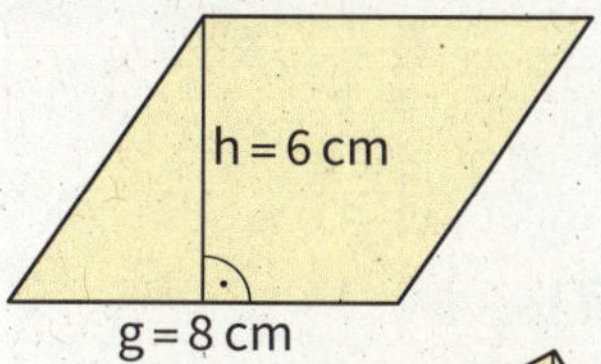

b) A = ________

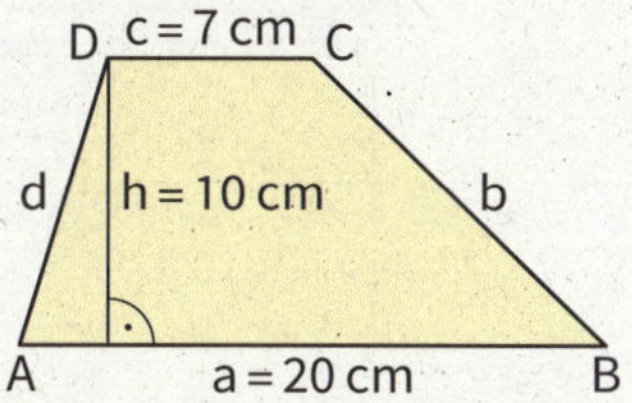

c) A = ________

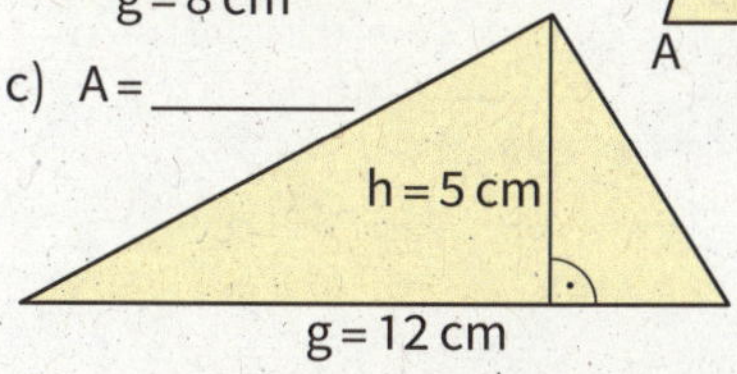

4 Berechne den Flächeninhalt der abgebildeten Figur. Miss dazu die notwendigen Längen. Zeichne gegebenenfalls Hilfslinien ein. Ergänze die Tabelle.

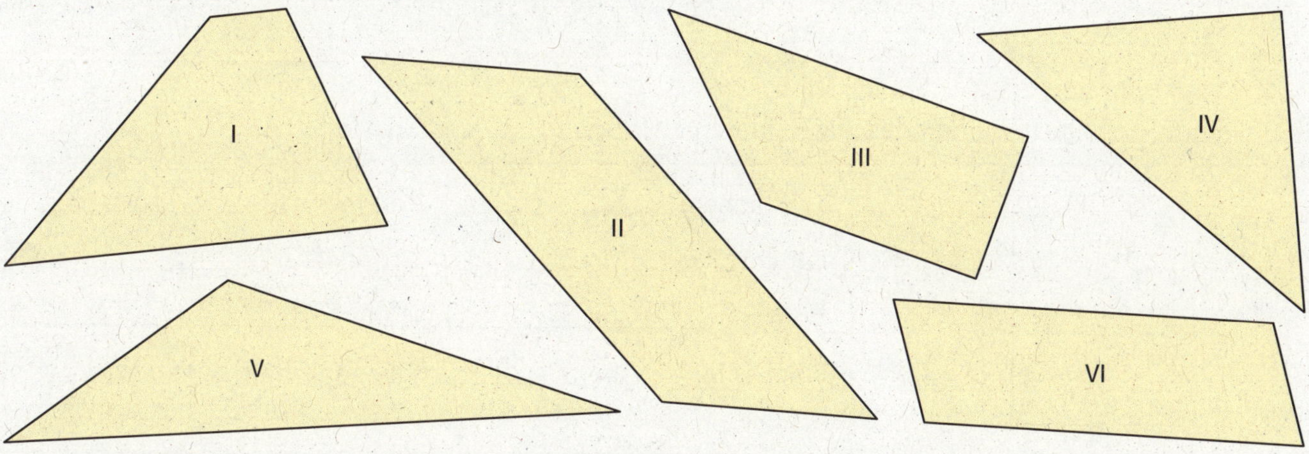

	I	II	III	IV	V	VI
Figur	Trapez					
Flächeninhalt						

1 Das abgebildete Vieleck ist in die Teilflächen I und II zerlegt worden. Bestimme den Flächeninhalt A des Vielecks.

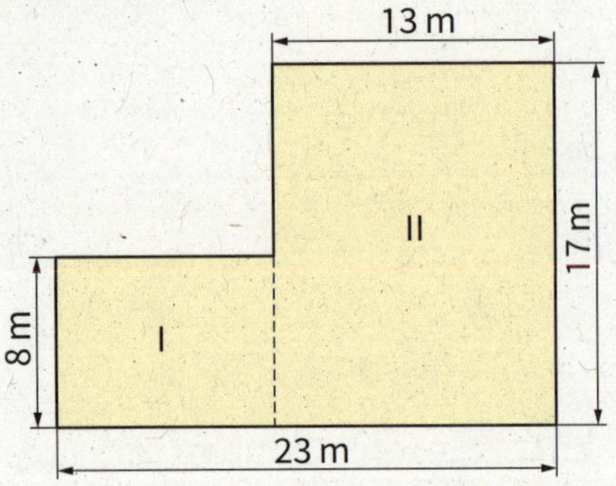

Teilfläche I: Rechteck
Länge: 23 m − 13 m = 10 m
Breite: 8 m
Flächeninhalt: A = ______

Teilfläche II: ______
Länge: ______
Breite: ______
Flächeninhalt: A = ______

Flächeninhalt des Vielecks: ______

2 Berechne den Flächeninhalt des Vielecks. Zerlege das Vieleck mithilfe von Hilfslinien in geeignete Teilflächen. Es gibt mehrere Möglichkeiten.

a)

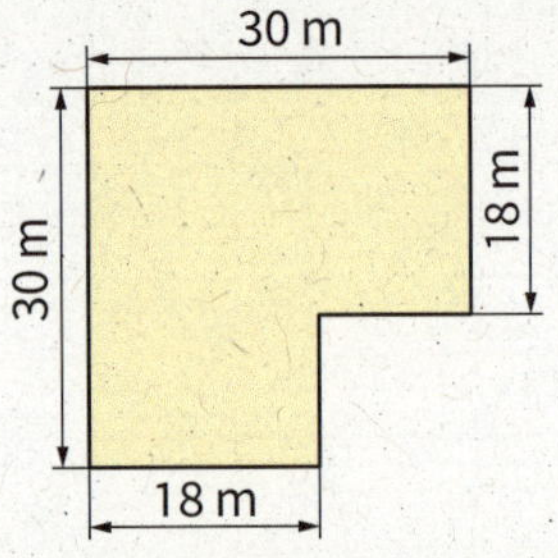

A = ______

b)

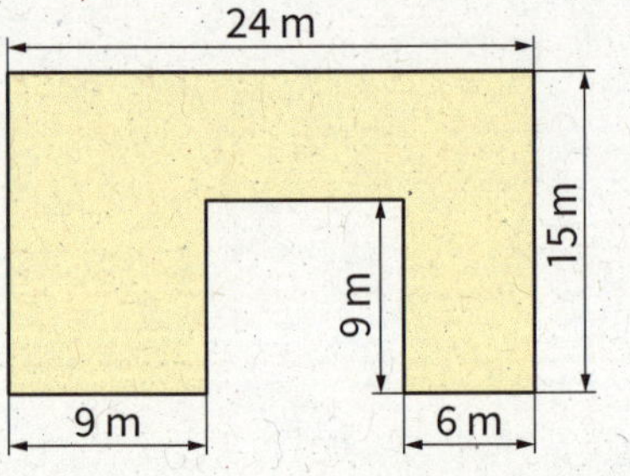

A = ______

3 Bestimme den Flächeninhalt des abgebildeten Vielecks.

a)

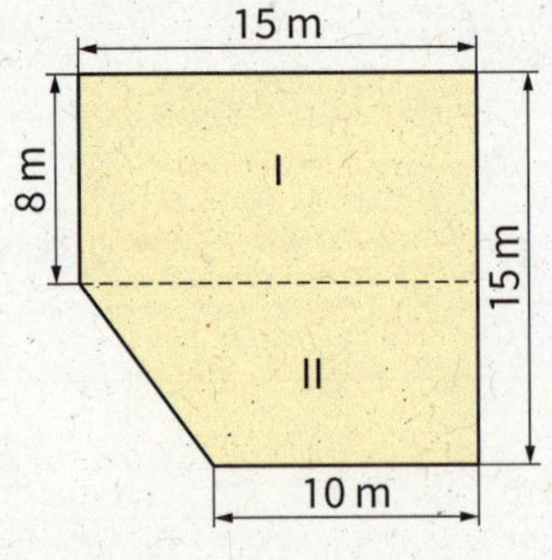

Teilfläche I: ______
Länge: ______
Breite: ______
Flächeninhalt: A = ______

Teilfläche II: Trapez
Grundseiten: ______
Höhe: ______
Flächeninhalt: A = ______

Flächeninhalt des Vielecks: ______

b)

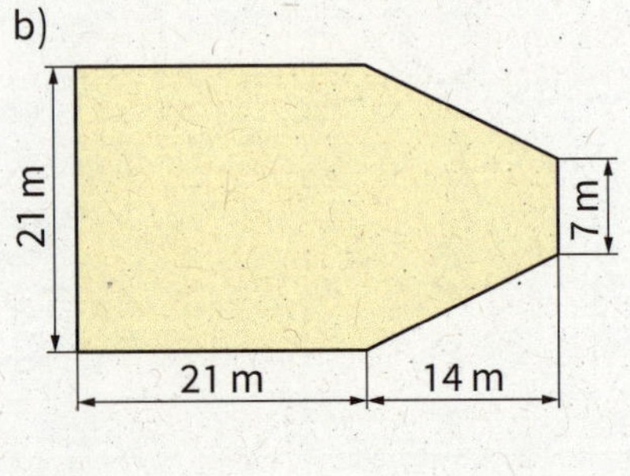

A = ______

So kannst du den Flächeninhalt eines Vielecks berechnen:

1. Zerlege das Vieleck mithilfe von Hilfslinien in geeignete Teilflächen (Rechteck, Parallelogramm, Trapez, …).
2. Berechne die Inhalte der einzelnen Teilflächen.
3. Addiere die Inhalte der Teilflächen.

4 Berechne den Flächeninhalt des abgebildeten Vielecks.

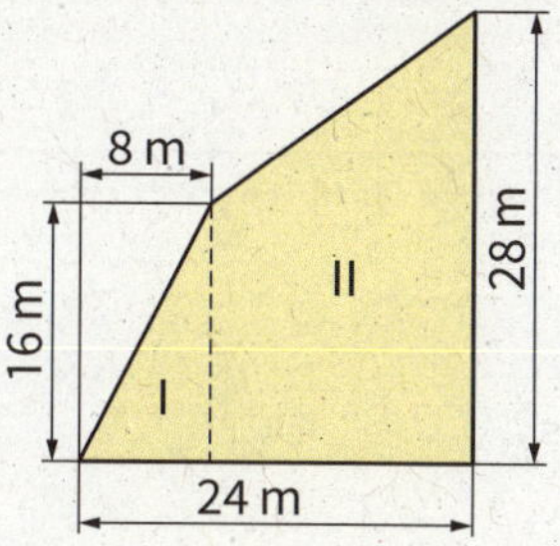

Teilfläche I: Dreieck
Grundseite: ______
Höhe: ______
Flächeninhalt: A = ______

Teilfläche II: ______
Grundseiten: ______
Höhe: ______
Flächeninhalt: A = ______

Flächeninhalt des Vielecks: ______

5 Bestimme den Flächeninhalt des Vielecks. Zerlege das Vieleck in geeignete Teilflächen. Es gibt verschiedene Möglichkeiten.

a)

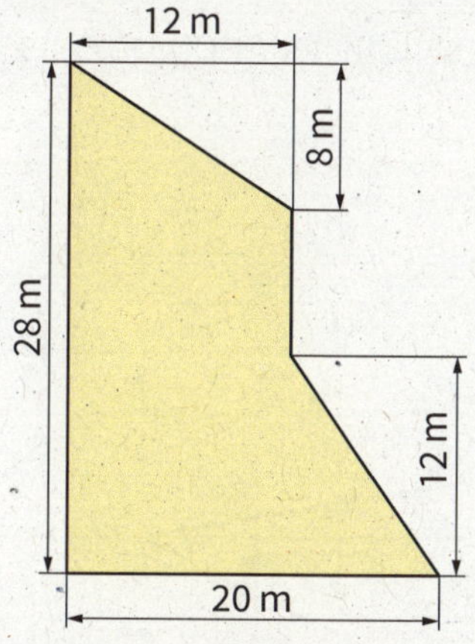

A = ______

b)

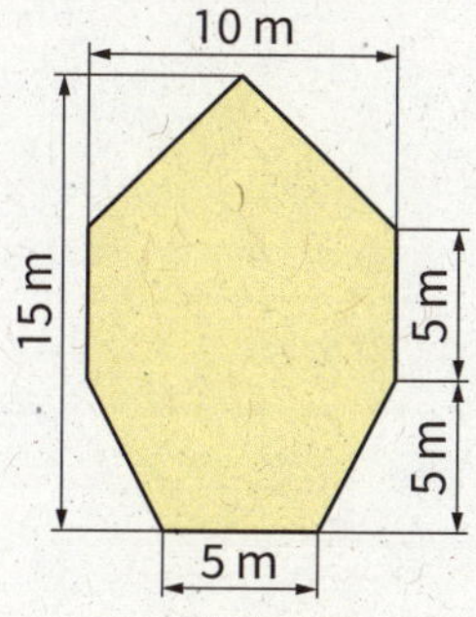

A = ______

c)

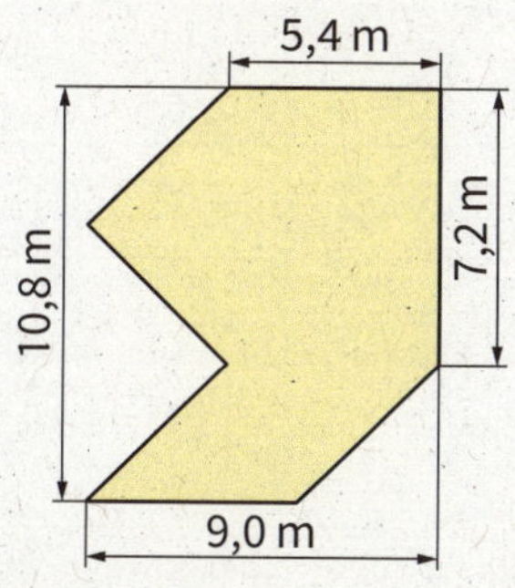

A = ______

6 Zeichne das Vieleck mit den Eckpunkten A(−3|−2), B(3|−2), C(1|0), D(1|2), E(3|2), F(0|4), G(−3|2), H(−1|2) und I(−1|0) in das Koordinatensystem (Einheit 1 cm).
Berechne den Flächeninhalt der Figur. Zerlege dazu das Vieleck in geeignete Teilflächen.

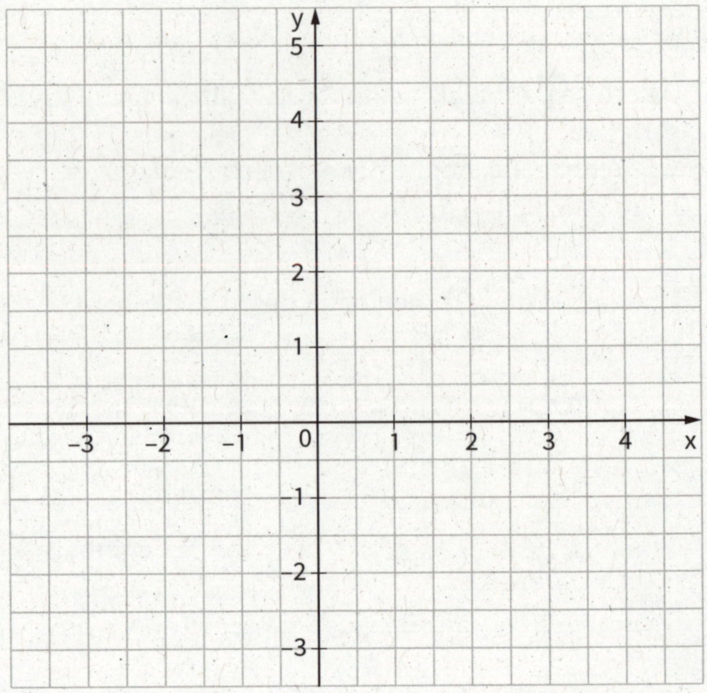

A = ______

7 a) Bestimme mithilfe der eingezeichneten Hilfslinien den Flächeninhalt des Vielecks ABCDEF.

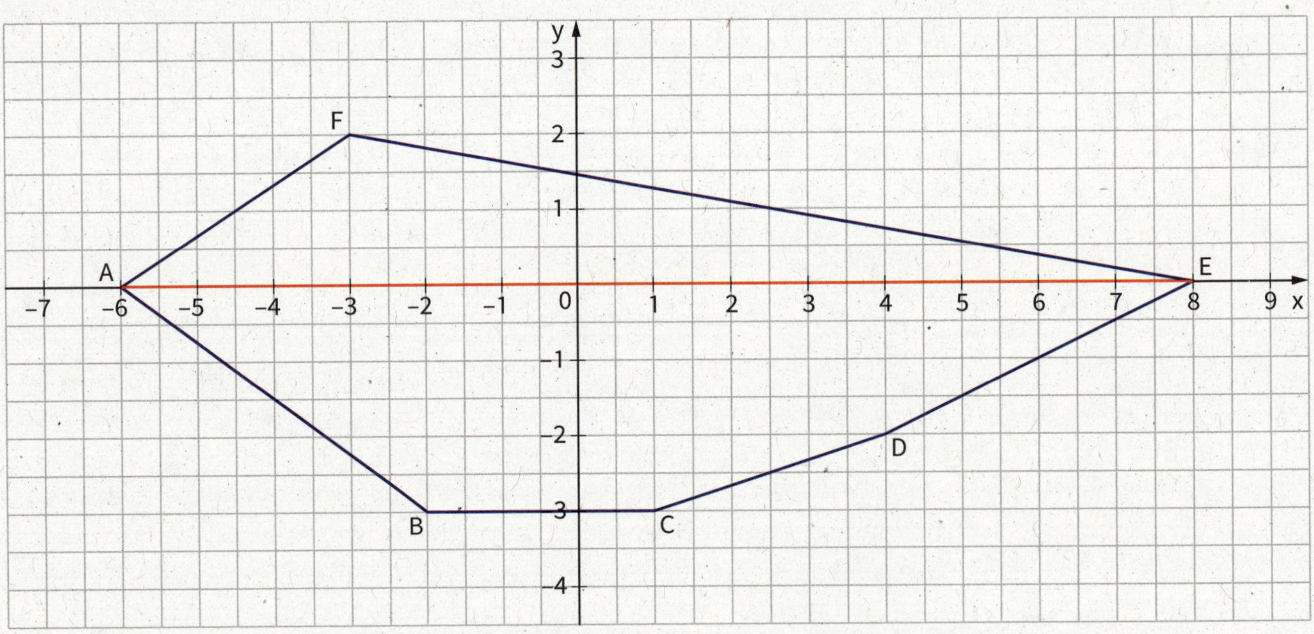

A = ______

C Oberflächeninhalt eines Prismas

1 In den Abbildungen wird gezeigt, wie du das Netz eines Prismas erhältst.

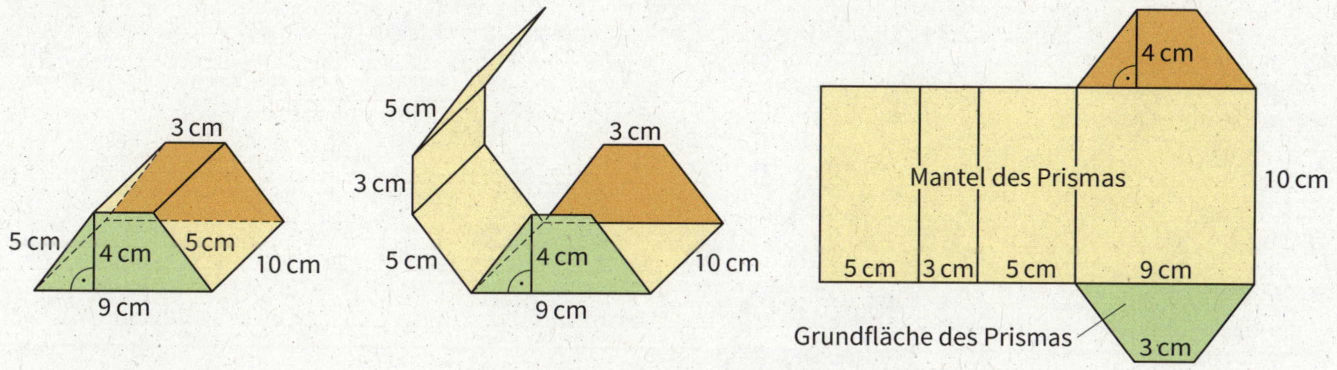

Berechne den Oberflächeninhalt des Prismas.

$G = \frac{(9 + 3) \cdot 4}{2}$ = ______

$M = (5 + 3 + 5 + 9) \cdot 10$ = ______

$O = 2 \cdot$ ______ = ______

Der Oberflächeninhalt beträgt ______ cm^2.

2 Die Abbildung zeigt das Schrägbild und das Netz eines Prismas. Berechne seinen Oberflächeninhalt.

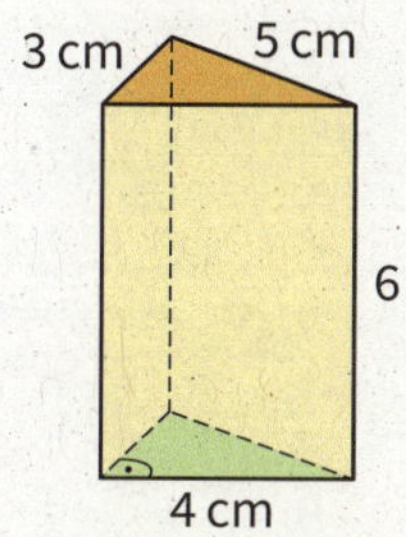

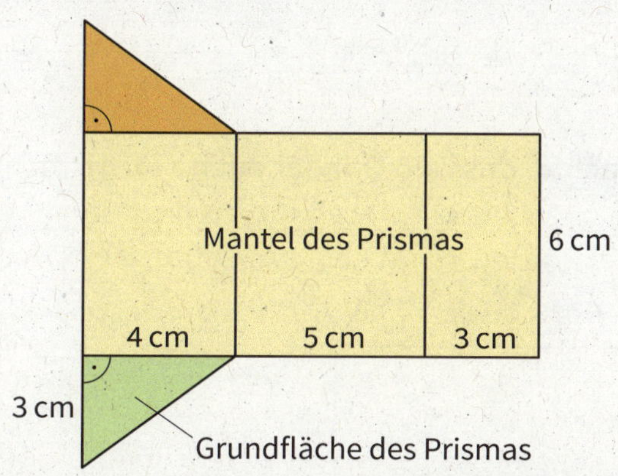

G = ______ M = ______ O = ______

3 Berechne den Oberflächeninhalt des Prismas. Ergänze dazu zunächst die fehlenden Größen in dem abgebildeten Netz des Prismas.

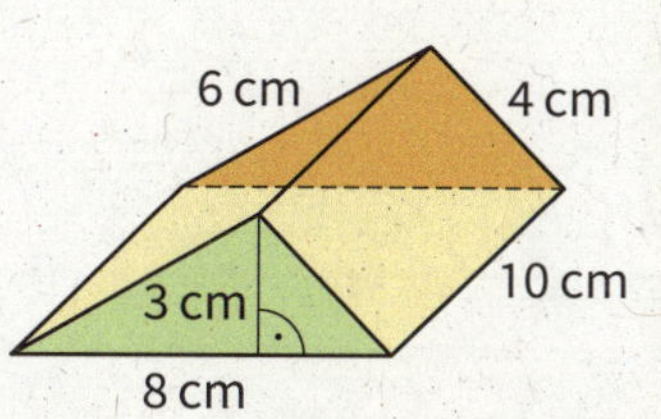

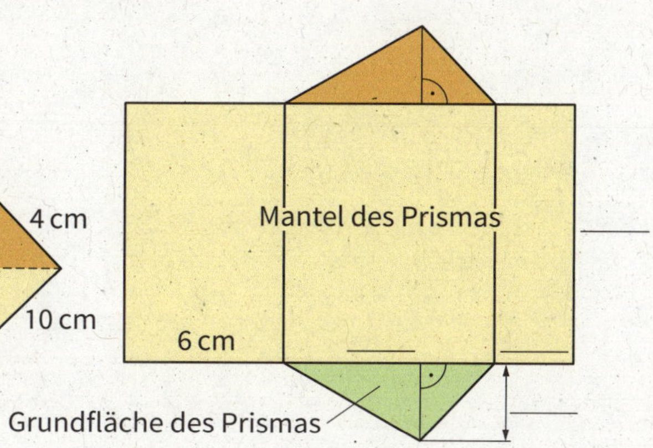

G = ______ M = ______ O = ______

1 Berechne das Volumen des abgebildeten Prismas.

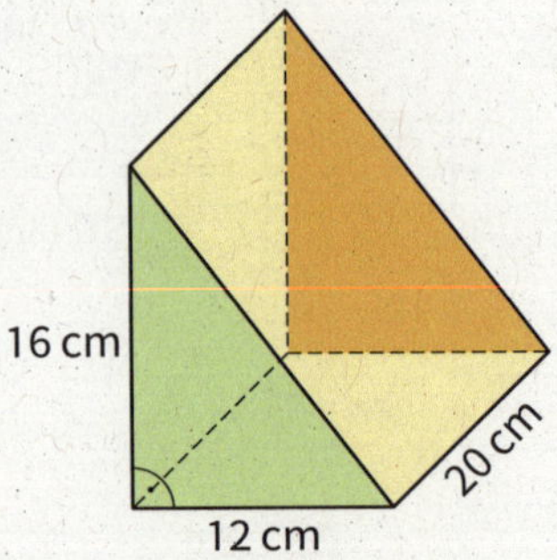

Grundfläche: rechtwinkliges Dreieck

Grundfläche: G = ______ Körperhöhe: h_k = ______

Volumen: V = ______

Das Volumen des Prismas beträgt ______ cm³.

2 Berechne das Volumen des Primas.

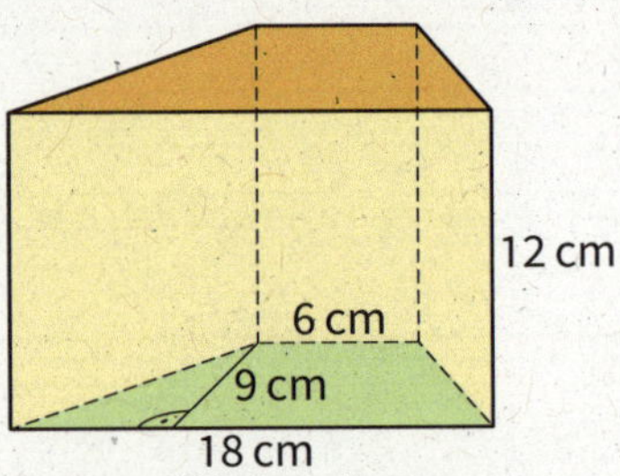

Grundfläche: Trapez

G = ______ h_k = ______ V = ______

3 Berechne das Volumen des Prismas. Beachte, dass ein Quader auch ein Prisma ist.

a)

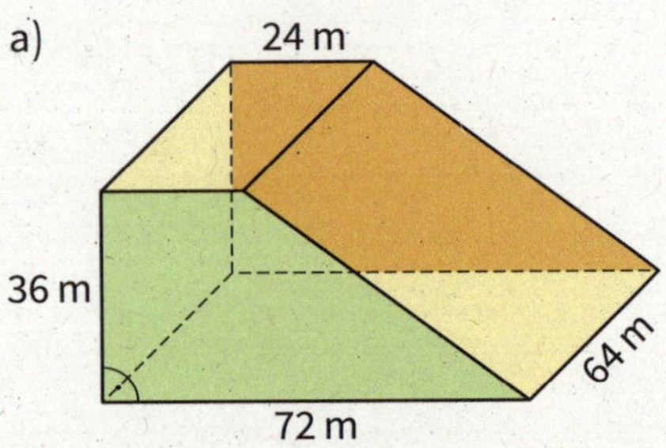

Grundfläche: rechtwinkliges Trapez

b)

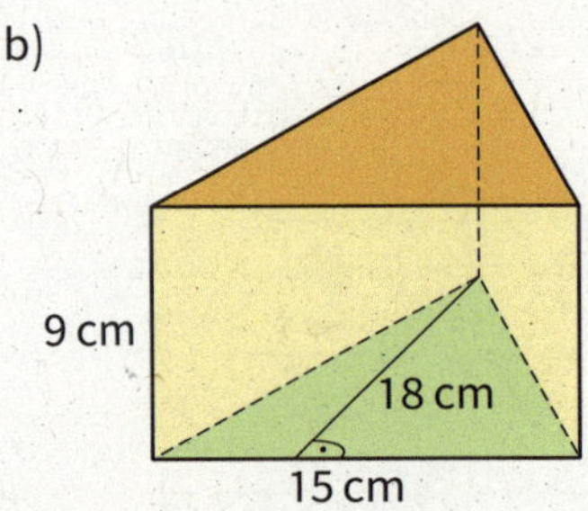

Grundfläche: Dreieck

c)

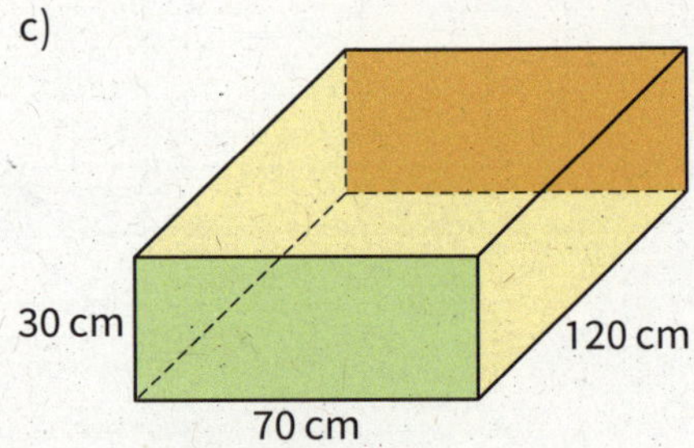

Grundfläche: Rechteck

a) G = ______ h_k = ______ V = ______

b) G = ______ h_k = ______ V = ______

c) G = ______ h_k = ______ V = ______

C Oberflächeninhalt und Volumen eines Prismas

1 a) Bestimme den Oberflächeninhalt des Prismas. Ergänze dafür zunächst die fehlenden Größen in dem abgebildeten Netz des Prismas.

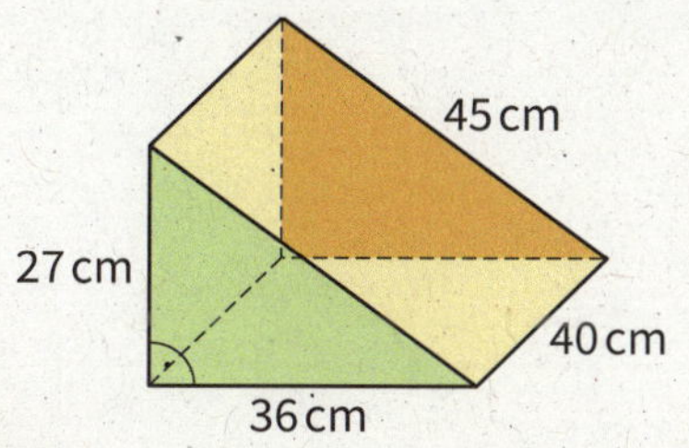

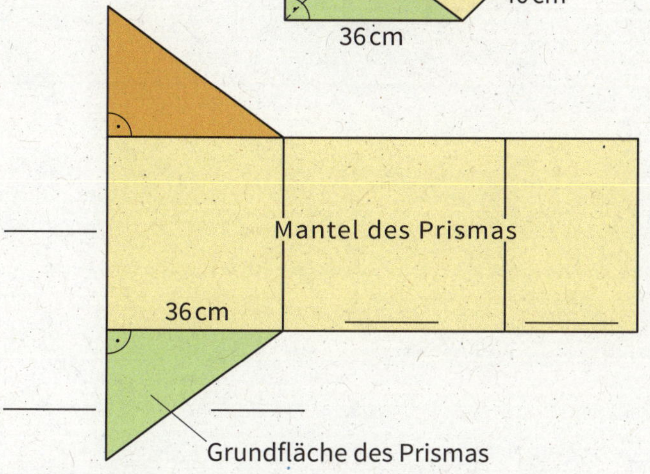

So kannst du den Oberflächeninhalt eines Prismas bestimmen:

1. Berechne den Inhalt der Grundfläche.
2. Berechne den Flächeninhalt des Mantels.
3. Verdopple den Inhalt der Grundfläche und addiere dazu den Flächeninhalt des Mantels.

G = ________ M = ________ O = ________

Der Oberflächeninhalt beträgt ________ cm^2.

b) Berechne den Oberflächeninhalt des Prismas.

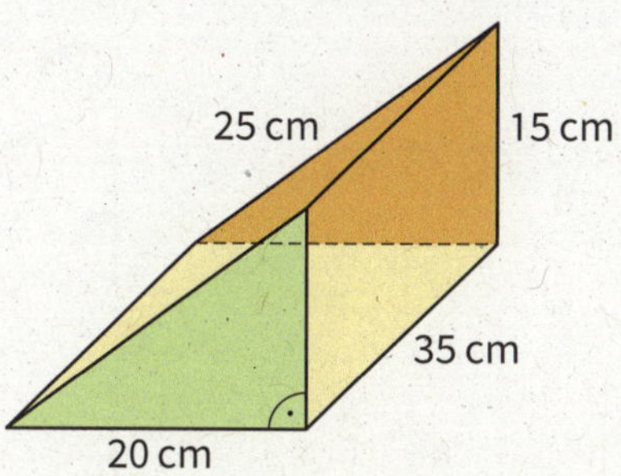

G = ________ M = ________ O = ________

Der Oberflächeninhalt beträgt ________ cm^2.

2 Berechne das Volumen des Prismas.

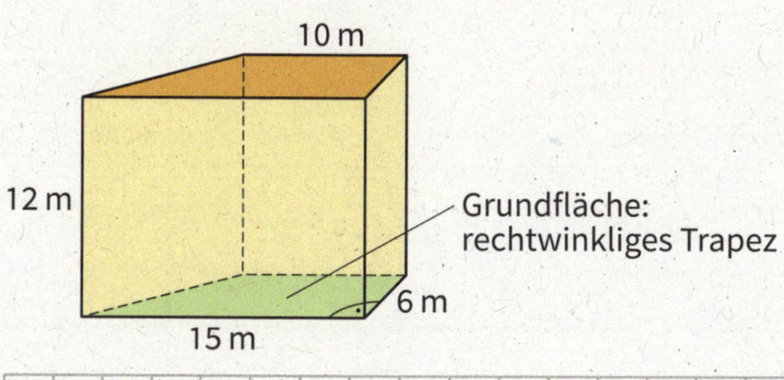

So kannst du das Volumen eines Prismas bestimmen:

1. Berechne den Inhalt der Grundfläche.
2. Multipliziere den Inhalt der Grundfläche mit der Körperhöhe.

G = ________ h_k = ________ V = ________ Das Volumen des Prismas beträgt ________ cm^3.

Prisma

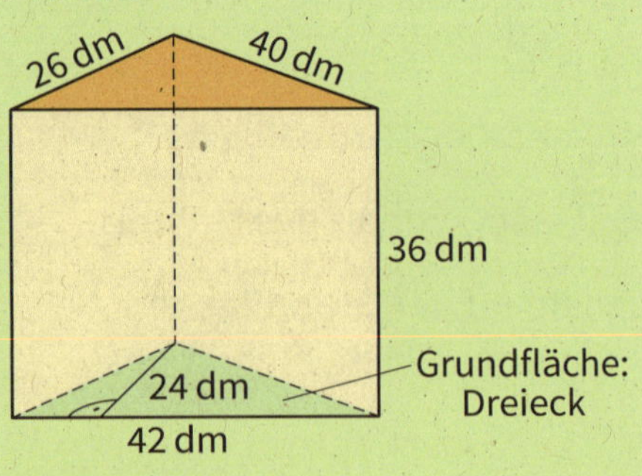

O = 2 · G + M

$G = \frac{42 \cdot 24}{2} = 504$

$M = (42 + 40 + 26) \cdot 36 = 3888$

$O = 2 \cdot 504 + 3888 = 4896$

Der Oberflächeninhalt beträgt $4896\ dm^2$.

$\mathbf{V = G \cdot h_k}$

$V = 504 \cdot 36 = 18\,144$

Das Volumen beträgt $18\,144\ dm^3$.

3 Berechne den Oberflächeninhalt und das Volumen des Prismas.

a) Grundfläche: rechtwinkliges Trapez

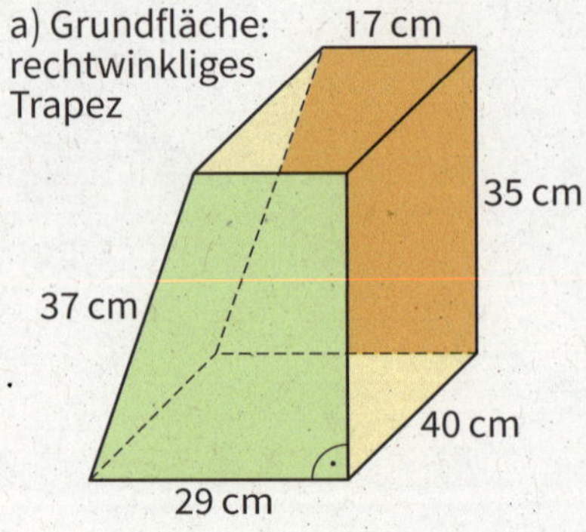

b) Grundfläche: rechtwinkliges Dreieck

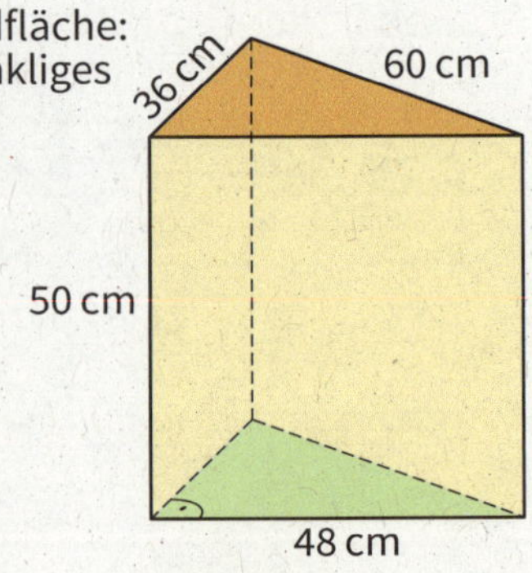

O = ____________ O = ____________

V = ____________ V = ____________

4 Ergänze zunächst das Netz des abgebildeten Prismas. Berechne anschließend den Oberflächeninhalt und das Volumen des Körpers.

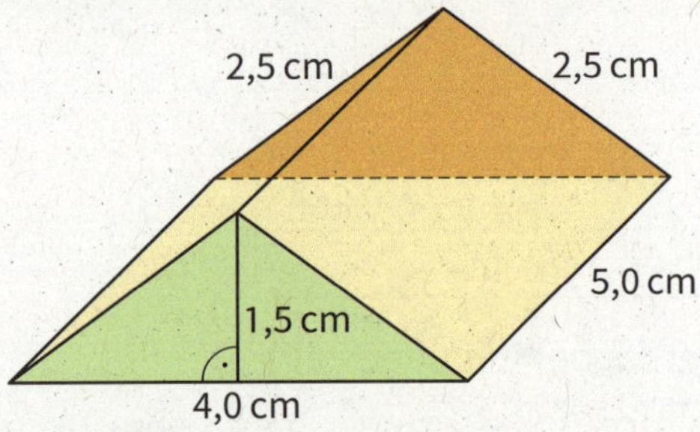

Grundfläche: gleichschenkliges Dreieck

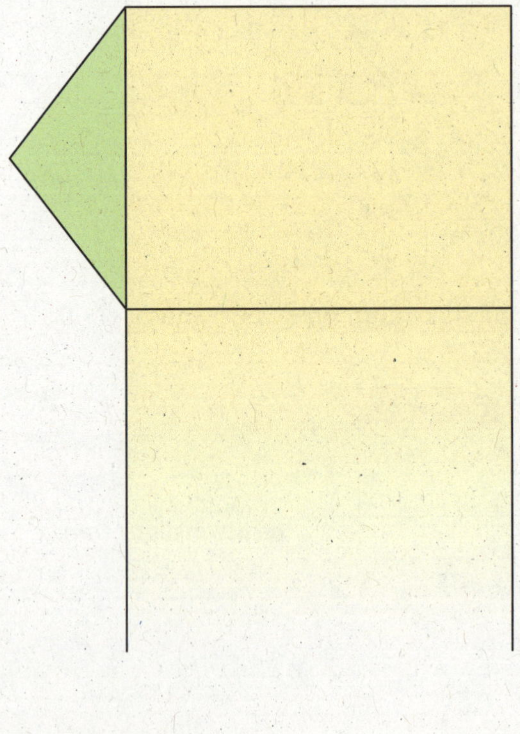

G = ____________ h_k = ____________

O = ____________ V = ____________

D Sachaufgaben

In dem Beispiel wird gezeigt, wie du eine Sachaufgabe aus der Geometrie lösen kannst.

Eine der trapezförmigen Flächen des abgebildeten Daches muss neu eingedeckt werden.
Für jeden Quadratmeter Dachfläche werden 14 Dachpfannen benötigt.

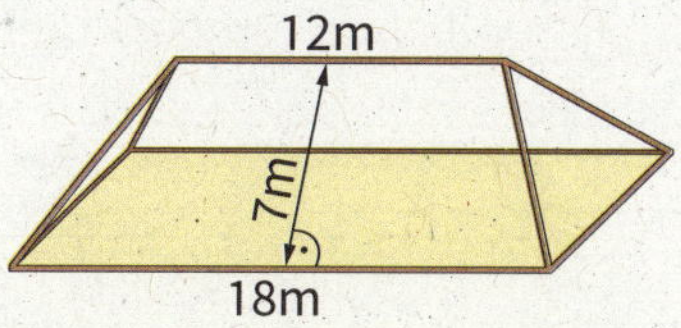

1. Formuliere eine Aufgabenstellung.	Wie viele Dachpfannen müssen mindestens eingekauft werden?
2. Stelle fest, welche Angaben du brauchst, um die Aufgabe zu bearbeiten.	Flächeninhalt der Dachfläche, Anzahl der Dachpfannen pro Quadratmeter
2. Überlege, welche Größe der geometrischen Figur du berechnen musst.	Flächeninhalt A eines Trapezes
3. Entnimm die dafür notwendigen Angaben dem Text oder (und) der Abbildung.	Grundseiten: 18 m, 12 m; Höhe: 7 m; Anzahl der Dachpfannen pro m^2: 14
4. Plane die einzelnen Lösungsschritte und führe die dafür notwendigen Rechnungen durch.	1. $A = \frac{18 + 12}{2} \cdot 7 = 105$ $A = 105\ m^2$ 2. $105 \cdot 14 = 1470$
5. Formuliere einen Antwortsatz.	Insgesamt werden mindestens 1470 Dachpfannen benötigt.

1 Die abgebildete Giebelwand eines Hauses soll mit einer Wärmedämmung versehen werden. Der Hausbesitzer rechnet mit 110 € pro Quadratmeter.

Frage: ______________________

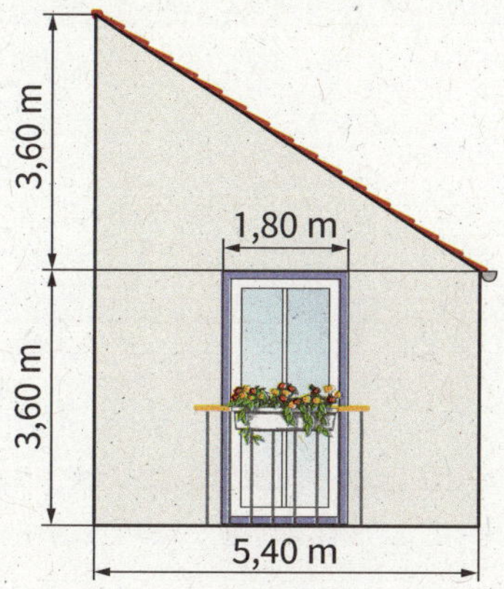

Antwort: ______________________

2 Der abgebildete Dachraum hat die Form eines Prismas. Die Baukosten für den Dachraum betrugen 172 800 €.

Frage: ______________________

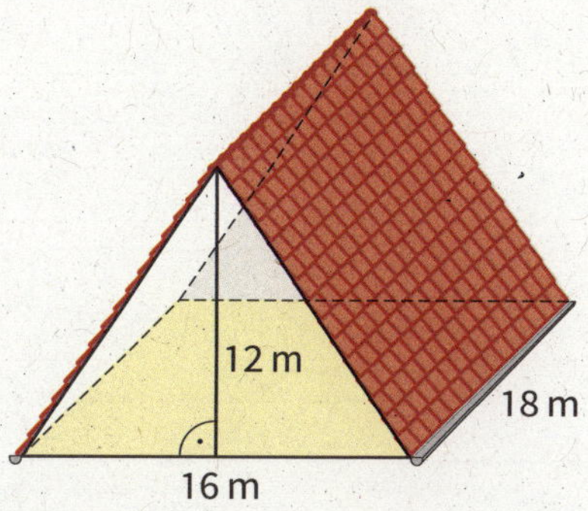

Antwort: ______________________

3 Die abgebildete Waldfläche soll aufgeforstet werden.
Auf eine jeweils 5 m² große Fläche werden vier Pflanzen gesetzt.

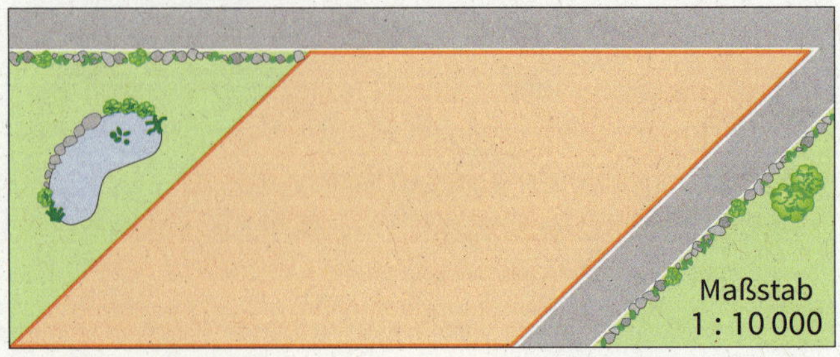

Frage: ____

____

Geometrische Figur: Parallelogramm Anzahl der Pflanzen auf 5 m²: ________ Maßstab: ____________

Länge der Grundseite (in der Abbildung) : ________ Länge der Höhe (in der Abbildung) : ____________

Antwort: ____

4 Beim Bau eines Gebäudes werden die voraussichtlichen Baukosten anhand des umbauten Raumes (Volumen des Gebäudes) berechnet. Die Architektin rechnet für einen Kubikmeter mit 280 €.

Frage: ____

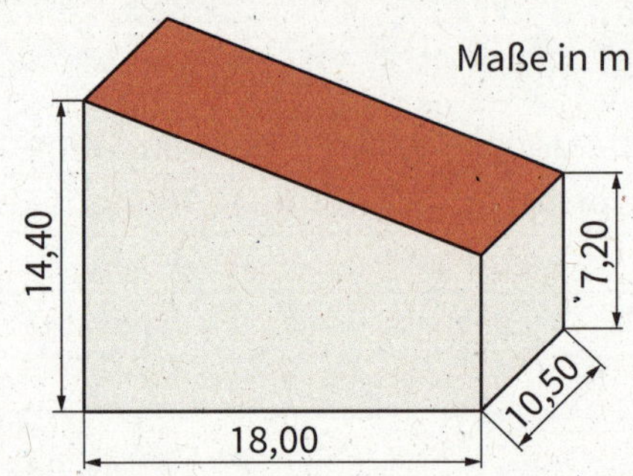

Antwort: ____

5 Die abgebildete Fläche soll gepflastert werden. Für einen Quadratfläche werden einschließlich Material- und Lohnkosten 48 € veranschlagt.

Frage: ____

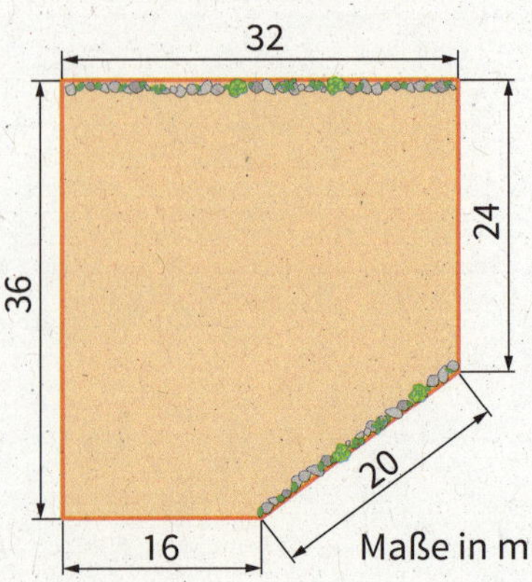

Antwort: ____

Überlege, welche Größe der geometrischen Figur du berechnen musst.

Fertige gegebenenfalls eine Skizze an.

Entnimm notwendige Angaben dem Text oder (und) der Abbildung.

6 Bestimme die Masse eines quadratischen Stahlstabes mit den angegebenen Abmessungen. Gib dein Ergebnis in Kilogramm an. Achte bei deinen Berechnungen auf die Einheiten.

Vierkantstahl

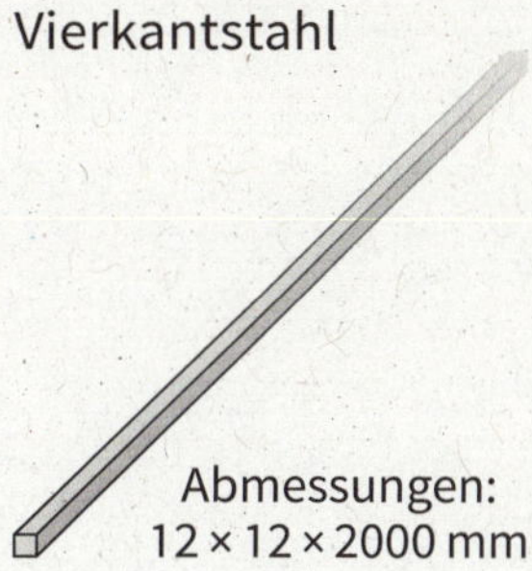

Dichte: $\rho = 7{,}85\ \frac{g}{cm^3}$

Volumen	Masse
1 cm³	7,85 g
1 dm³	7,85 kg
1 m³	7,85 t

Antwort: ______________________________

7 Der abgebildete Metallkörper soll zweimal mit einem Schutzlack gestrichen werden. Wie viele Milliliter Farbe werden dafür benötigt?

Metall-Lack
0,5 Liter für
ca. 5 m²

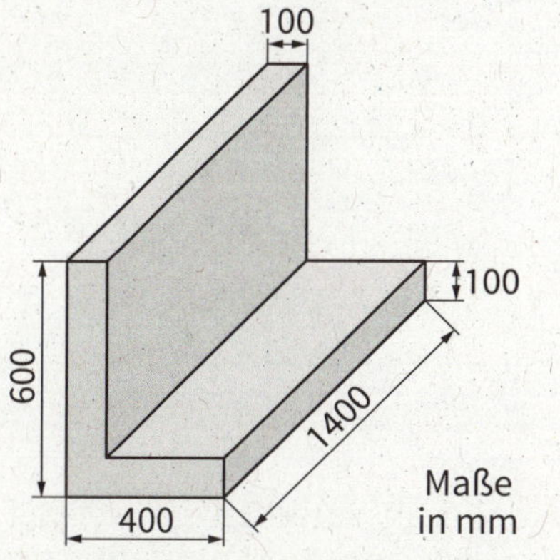

Antwort: ______________________________

8 Berechne die Masse des abgebildeten 1 cm starken Aluminiumblechs (Aluminium: $\rho = 2{,}7\ \frac{g}{cm^3}$) in Kilogramm.

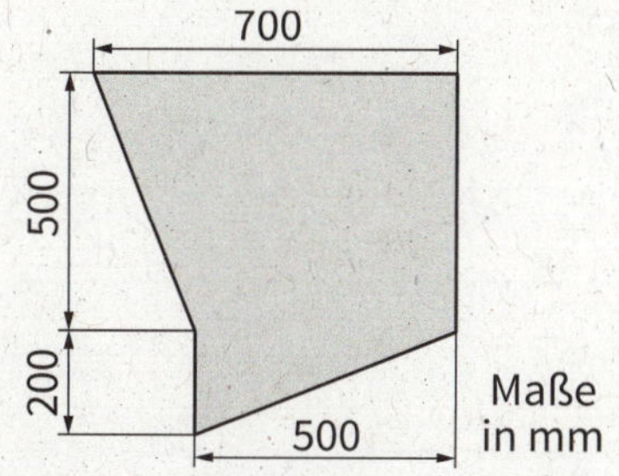

Antwort: ______________________________

1 Bestimme geschickt den Flächeninhalt des Vielecks.

a)

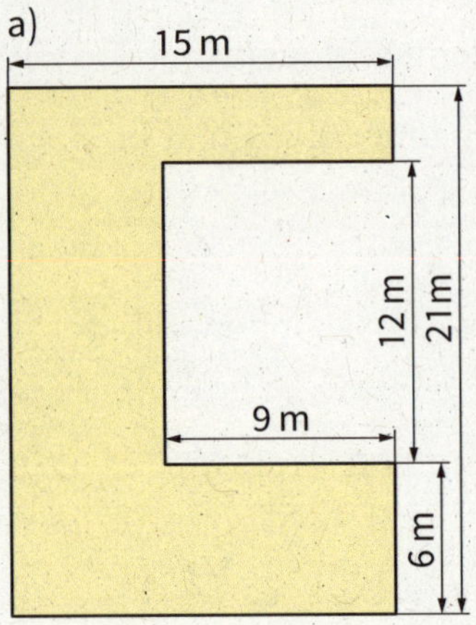

b)

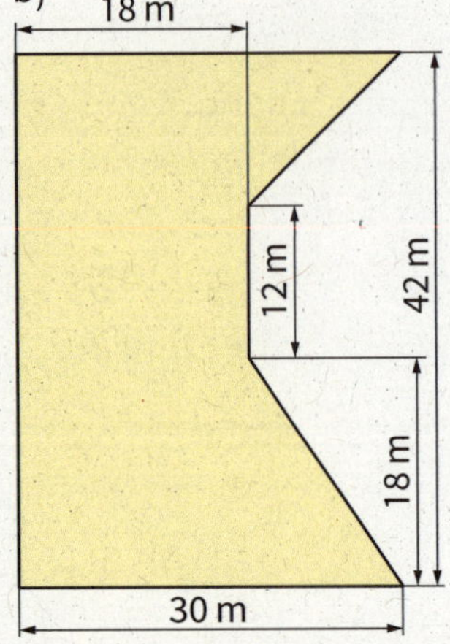

A = ______________ A = ______________

2 Berechne den Flächeninhalt des Vielecks ABCDE.

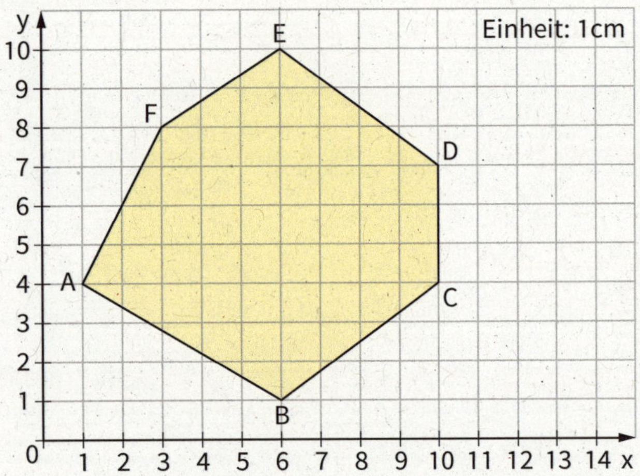

A = ______________

3 Die Abbildung zeigt den Querschnitt eines Stahlstabes. Berechne die Masse (in kg) für einen 1 m langen Stab (Stahl: $\rho = 7{,}8\,\frac{g}{cm^3}$).

a)

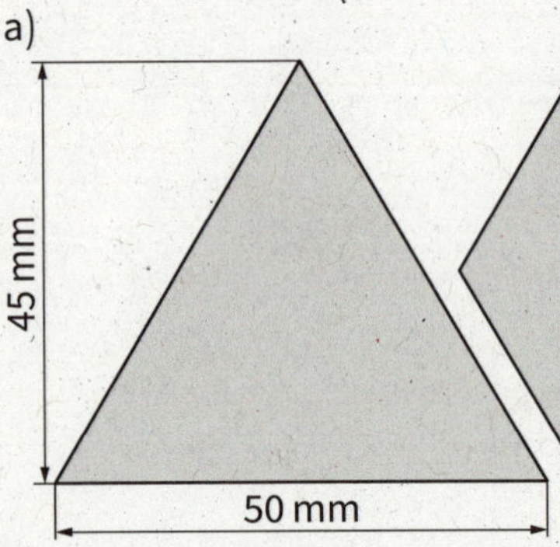

b)

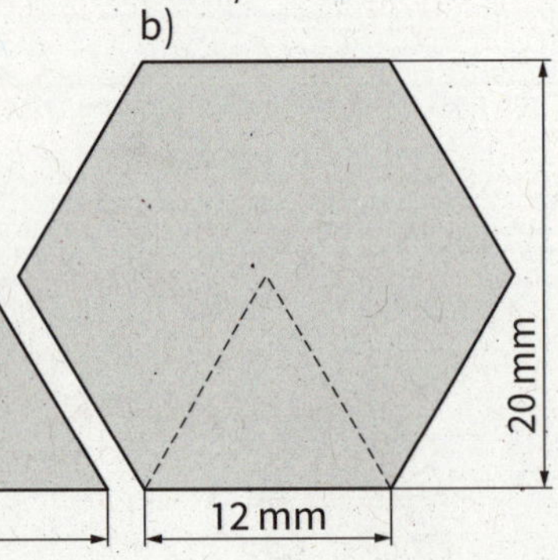

V = ______________ V = ______________

m = ______________ m = ______________

4 Bestimme einen Schätzwert für den Flächeninhalt der Nordseeinsel Amrum. Überdecke dazu in der Abbildung die Figur mit Flächen, deren Größe du berechnen kannst.
Gib auch an, um wie viel Prozent der Schätzwert vom tatsächlichen Flächeninhalt der Insel abweicht. Angaben zum tatsächlichen Flächeninhalt findest du in einem Lexikon oder im Internet.

Flächeninhalt (Schätzwert): ______________________

Abweichung: ______________________ %

5 Die Seiten des Rechtecks ABCD sind im Verhältnis 1 : 2 geteilt. Die Teilungspunkte werden wie abgebildet zu einem Parallelogramm verbunden.

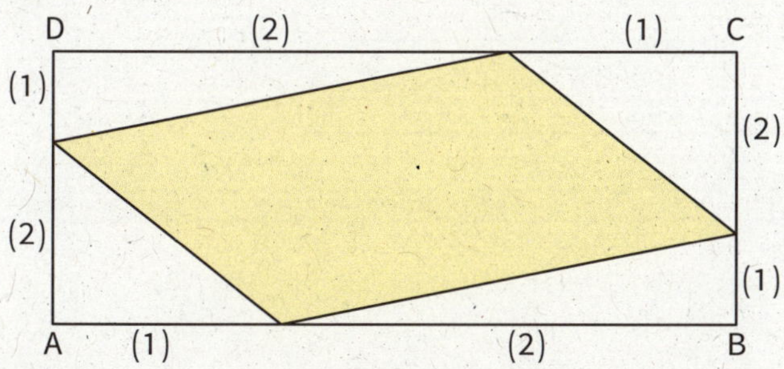

Welchen Anteil nimmt die Fläche des Parallelogramms an der Fläche des Rechtecks ein?

Antwort: ____

6 Der abgebildete Würfel hat ein Volumen von 64 cm^3. Aus ihm wird wie abgebildet ein Quader herausgeschnitten. Wie groß ist die Oberfläche des Restkörpers? Begründe deine Antwort.

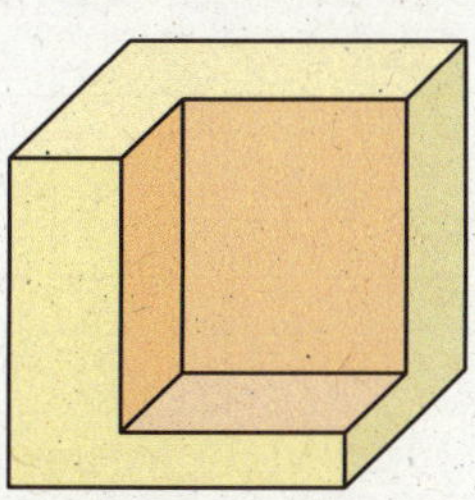

Antwort: ____

____

____

A Zufallsexperimente auswerten und die Ergebnisse darstellen

1 Aus einer Urne mit roten, grünen, blauen und gelben sonst gleichartigen Kugeln wurde mehrmals hintereinander jeweils eine Kugel gezogen und ihre Farbe notiert. Die Kugel wurde dann wieder in die Urne zurückgelegt. Die Ergebnisse wurden in der abgebildeten Urliste festgehalten.

Farbe der gezogenen Kugel
blau, blau, rot, grün, grün, gelb, rot, blau,
gelb, blau, rot, grün, blau, gelb, rot, blau, rot,
grün, blau, blau, gelb, rot, grün, blau, rot,
blau, gelb, grün, blau, rot, grün, blau, grün,
rot, rot, blau, grün, blau, rot, blau, rot, blau,
grün, gelb, grün, rot, blau, blau, rot, blau

a) Ergänze die Tabelle. Gib die relativen Häufigkeiten als Bruch und als Dezimalzahl an.
b) Stelle die absoluten Häufigkeiten in einem Säulendiagramm und in dem abgebildeten Streifendiagramm dar.

Ergebnis	abs. Häufigkeit	rel. Häufigkeit
Summe		

B Mittelwerte und Spannweite

1 Leni hat an mehreren Wochentagen die Dauer ihrer Hausaufgaben notiert.

Dauer der Hausaufgaben (min)
56 72 45 28 110 40 34

Berechne das arithmetische Mittel $\overline{x}$, den Median $\tilde{x}$ und die Spannweite.

$\overline{x}$ = ☐ $\tilde{x}$ = ☐ Spannweite: ☐

2 Timo hat seine Mitschüler nach ihrer Schuhgröße gefragt und die Ergebnisse in der Häufigkeitstabelle festgehalten. Berechne das arithmetische Mittel $\overline{x}$ mithilfe der absoluten Häufigkeiten. Runde auf eine Nachkommastelle.

$\overline{x}$ = ☐

Schuhgröße	abs. Häufigkeit	Produkt
41	7	
42	11	
43	13	
44	5	
Summe		

C Wahrscheinlichkeit von Ergebnissen

1 In einer Urne befinden sich 2 rote, 3 blaue, 4 gelbe, 5 grüne und 6 weiße sonst gleichartige Kugeln. Eine Kugel wird aus der Urne gezogen und ihre Farbe notiert.

a) Gib die Ergebnismenge S an.

S = {________________

b) Berechne die Wahrscheinlichkeiten aller möglichen Ergebnisse.

P (rot) = ________ P (blau) = ________

P (gelb) = ________ P (grün) = ________

P (weiß) = ________

2 Der abgebildete Legostein wurde mehrmals geworfen. Die Ergebnisse werden in der abgebildeten Häufigkeitstabelle zusammengefasst.

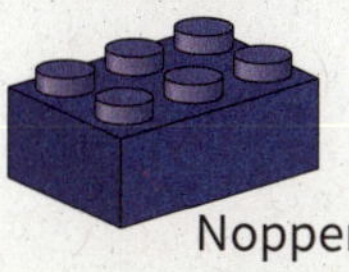
Noppen oben (N)

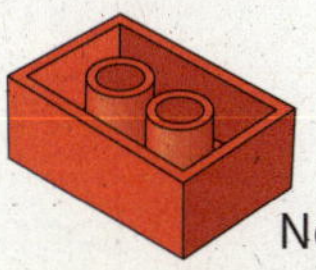
Noppen unten (U)

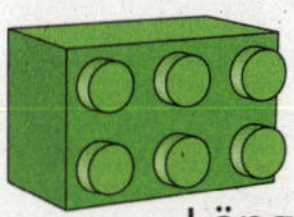
Längsseite (L)

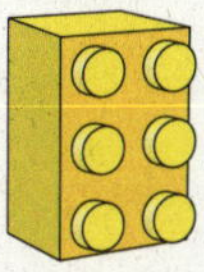
Vorder- oder Rückseite (V)

Ergebnis	absolute Häufigkeit
N	163
U	213
L	82
V	42

a) Gib die Ergebnismenge S an. S = {________________

b) Gib die Wahrscheinlichkeiten aller möglichen Ergebnisse als Dezimalzahl an.

P (N) = ________ P (U) = ________

P (L) = ________ P (V) = ________

D Wahrscheinlichkeit von Ereignissen

1 Ein Glücksrad ist in 12 gleichgroße Sektoren eingeteilt, die die Zahlen von 1 bis 12 tragen. Das Glücksrad wird einmal gedreht, die angezeigte Zahl notiert.

a) Gib die Ergebnismenge S an.

S = {________________

b) Gib die Ereignisse jeweils als Menge an und berechne ihre Wahrscheinlichkeit.

E_1: Die Zahl ist kleiner als 6.

E_1 = { P (E_1) = ________

E_2: Die Zahl ist durch 3 teilbar.

E_2 = { P (E_2) = ________

E_3: Die Zahl ist größer als 11.

E_3 = { P (E_3) = ________

E_4: Die Zahl ist kleiner als 10 und größer als 5.

E_4 = { P (E_4) = ________

E_5: Die Zahl ist durch 13 teilbar.

E_5 = { P (E_5) = ________

2 In einer Urne befinden sich 20 gleichartige Kugeln. Von diesen Kugeln tragen drei die Ziffer 3, vier die Ziffer 5, fünf die Ziffer 7 und acht die Ziffer 9. Eine Kugel wird gezogen, die gezogene Ziffer notiert.
Gib die Ereignisse jeweils als Menge an und berechne ihre Wahrscheinlichkeit.

E_1: Die Zahl ist kleiner als 6.

E_2: Die Zahl ist größer als 4.

S = {________________

E_1 = {

P (E_1) = ________

E_2 = {

P (E_2) = ________

Kreuze deine richtigen Ergebnisse an.

A Zufallsexperimente auswerten und die Ergebnisse darstellen

1 a, b)

Ergebnis	absolute Häufigkeit	relative Häufigkeit
blau	19	$\frac{19}{50} = 0{,}38$
rot	14	$\frac{14}{50} = 0{,}28$
grün	11	$\frac{11}{50} = 0{,}22$
gelb	6	$\frac{6}{50} = 0{,}12$
Summe	50	$\frac{50}{50} = 1{,}00$

☐

c)

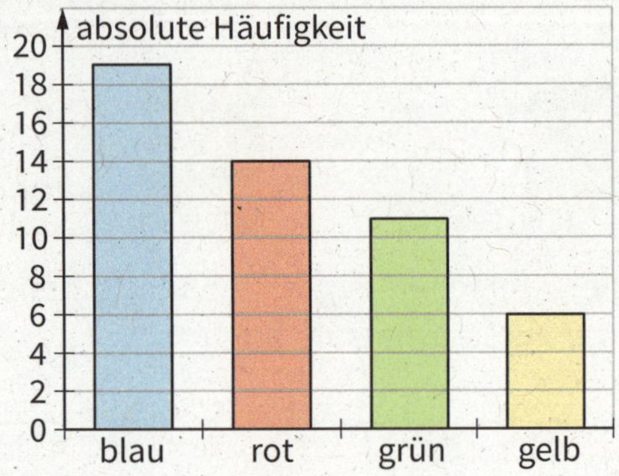

☐

d)

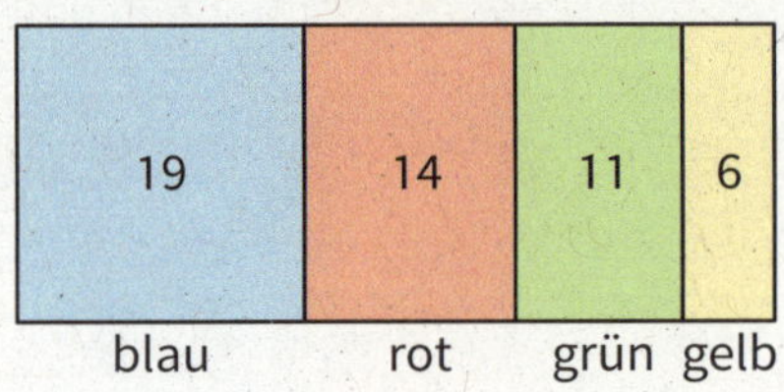

☐

B Mittelwerte und Spannweite

1 $\bar{x} = 55$ $\tilde{x} = 45$ ☐ 2 $\bar{x} \approx 42{,}4$ ☐

C Wahrscheinlichkeit von Ergebnissen

1 a) S = {rot, blau, gelb, grün, weiß}
b) $P(\text{rot}) = \frac{2}{20}$ $P(\text{blau}) = \frac{3}{20}$ $P(\text{gelb}) = \frac{4}{20}$ $P(\text{grün}) = \frac{5}{20}$ $P(\text{weiß}) = \frac{6}{20}$ ☐

2 a) S = {Noppen oben, Noppen unten, Längsseite, Vorder- oder Rückseite} ☐
b) P (Noppen oben) = 0,326 P (Noppen unten) = 0,426 P (Längsseite) = 0,164
P (Vorder- oder Rückseite) = 0,084 ☐

D Wahrscheinlichkeit von Ereignissen

1 a) S = {1, 2, 3, 4, 5, 6, 7, 8, 9, 10, 11, 12} ☐
b) $E_1 = \{1, 2, 3, 4, 5\}$ $P(E_1) = \frac{5}{12}$ $E_2 = \{3, 6, 9, 12\}$ $P(E_2) = \frac{4}{12}$ $E_3 = \{12\}$ $P(E_3) = \frac{1}{12}$
$E_4 = \{6, 7, 8, 9\}$ $P(E_4) = \frac{4}{12}$ $E_5 = \{\ \}$ $P(E_5) = 0$ ☐

2 $E_1 = \{3, 5\}$ $P(E_1) = P(3) + P(5) = \frac{3}{20} + \frac{4}{20} = \frac{7}{20}$
$E_2 = \{5, 7, 9\}$ $P(E_2) = P(5) + P(7) + P(9) = \frac{4}{20} + \frac{5}{20} + \frac{8}{20} = \frac{17}{20}$ ☐

Tabelle zur Selbsteinschätzung

Kreuze für jedes Teilthema das Feld an, das nach deiner Einschätzung für dich zutrifft. Die Seitenangabe in dem angekreuzten Feld nennt dir dann die Seite, auf der du weiterarbeiten solltest.

Teilthemen	Ich hatte bei fast allen Aufgaben Schwierigkeiten.	Ich hatte bei einigen Aufgaben Schwierigkeiten.	Ich hatte bei allen Aufgaben keine Schwierigkeiten
A	☐ Seite 41	☐ Seite 42	☐ Seite 51
B	☐ Seite 43	☐ Seite 44	☐ Seite 51
C	☐ Seite 45	☐ Seite 46	☐ Seite 51
D	☐ Seite 48	☐ Seite 49	☐ Seite 51

1 Die Schüler der Klasse 8 a befragten Mitschülerinnen und Mitschüler im 8. Jahrgang nach der Anzahl der Fernsehgeräte im Haushalt. Sie haben die Ergebnisse in einer Urliste notiert.

Anzahl der Fernsehgeräte im Haushalt
3 2 4 ~~1~~ ~~1~~ 2 2 3 3 4 5 4 3 2 ~~1~~ 2 2 2 3 2 ~~1~~
3 4 2 5

Ergebnis: 1
absolute Häufigkeit: 4
Anzahl der Haushalte: 25
relative Häufigkeit als Bruch: $\frac{4}{25}$
relative Häufigkeit als Dezimalzahl: $\frac{4}{25} = 4 : 25 = 0{,}16$
relative Häufigkeit in Prozent: $0{,}16 = 16\,\%$

Löse die folgenden Aufgaben und trage die Ergebnisse in die Tabelle ein.
a) Bestimme die absoluten Häufigkeiten.
b) Bestimme für jedes Ergebnis die relative Häufigkeit als Bruch.
c) Gib die relative Häufigkeit auch als Dezimalzahl und in Prozent an. Forme dazu den Bruch um wie im Beispiel.

Ergebnis	absolute Häufigkeit	relative Häufigkeit als Bruch	relative Häufigkeit als Dezimalzahl	relative Häufigkeit in Prozent
1	4			
2				
3				
4				
5				
Summe				

d) Stelle die absoluten Häufigkeiten in einem Säulendiagramm und die relativen Häufigkeiten in Prozent in einem Balkendiagramm dar.

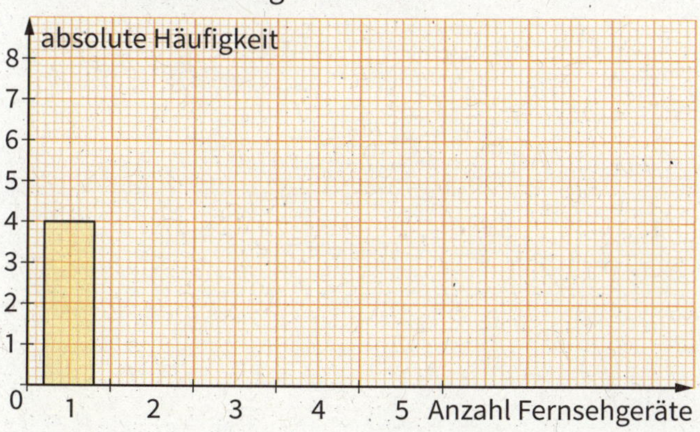

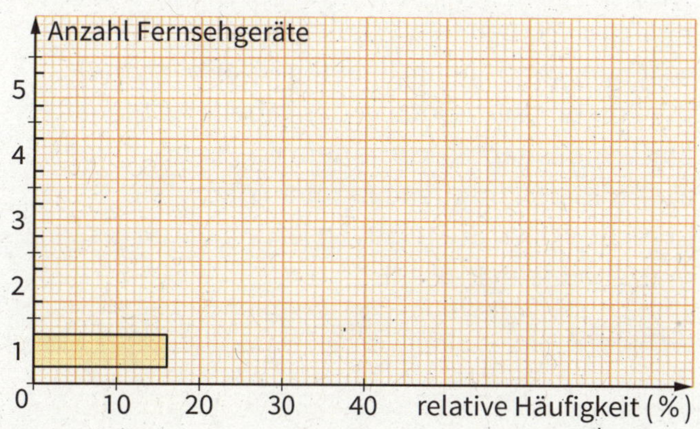

e) Stelle das Ergebnis der Befragung in dem abgebildeten Streifendiagramm (Gesamtlänge 10 cm) dar. Berechne dazu die Länge der einzelnen Abschnitte wie im Beispiel.

Ergebnis: 1
relative Häufigkeit: $\frac{4}{25}$
Gesamtlänge: 10 cm
Länge des zugehörigen Abschnitts:
$\frac{4}{25}$ von 10 cm sind $\frac{4}{25} \cdot 10$ cm
$= 0{,}16 \cdot 10$ cm $= 1{,}6$ cm

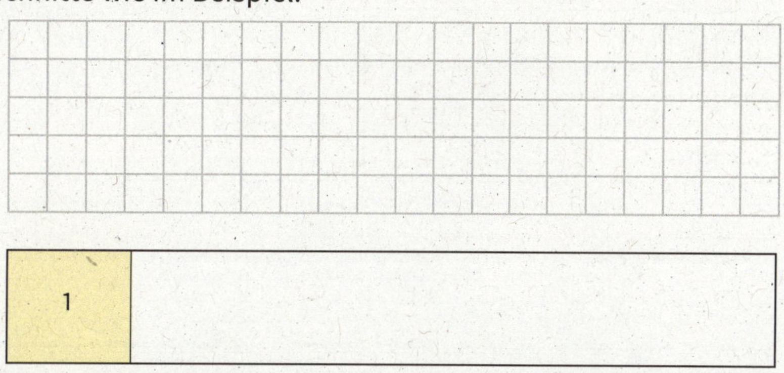

2 Schülerinnen und Schüler der Klasse 8 c haben ihre Mitschüler nach ihrem Lieblingsfach gefragt und die Daten in einer Urliste gesammelt.
a) Bestimme die absoluten Häufigkeiten der Ergebnisse. Berechne die relativen Häufigkeiten als Bruch und als Dezimalzahl. Trage deine Ergebnisse in die Häufigkeitstabelle ein.
b) Stelle die Befragungsergebnisse in dem abgebildeten Kreisdiagramm dar. Berechne dazu wie für das Fach Biologie die Winkelgrößen der zugehörigen Kreisausschnitte. Zeichne dann die Winkel ein und beschrifte die Kreisausschnitte.

Fach Biologie: $\frac{2}{40}$ von 360° sind $\frac{2}{40} \cdot 360°$
$= 0{,}05 \cdot 360° = 18°$

Lieblingsfach
Sp M D Ku D E ~~Bi~~ Sp Sp Ku M ~~Bi~~ Sp Ku D
E M M D E Sp Sp Sp M Sp M Ku Ku M Sp
E M E Sp M Ku M E Ku Ku

Ergebnis	abs. Häufigk.	rel. Häufigkeit
M		
E		
D		
Bi	2	$\frac{2}{40} = 0{,}05$
Sp		
Ku		
Summe		

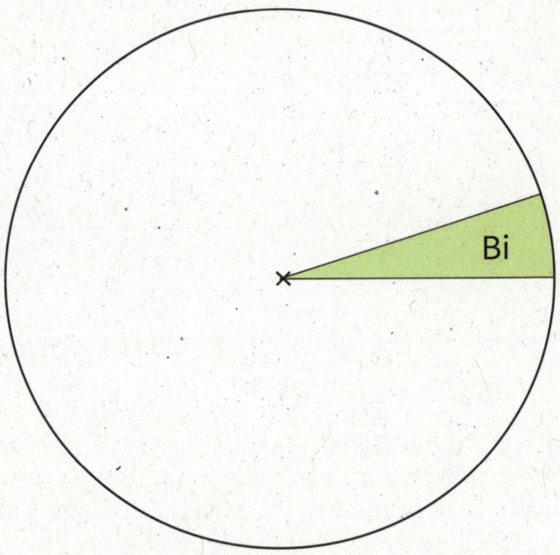

3 Schülerinnen und Schüler wurden gefragt, in welchem Land sie am liebsten Urlaub machen. Die Ergebnisse werden in der Tabelle festgehalten. Stelle die Ergebnisse in einem Kreis und in dem abgebildeten Streifendiagramm dar.
Berechne dazu die relativen Häufigkeiten als Dezimalzahl und in Prozent.

Ergebnis	abs. Häufigk.	rel. Häufigk.
Spanien	50	
Italien	30	
Österreich	40	
Deutschland	60	
Niederlande	20	
Summe		

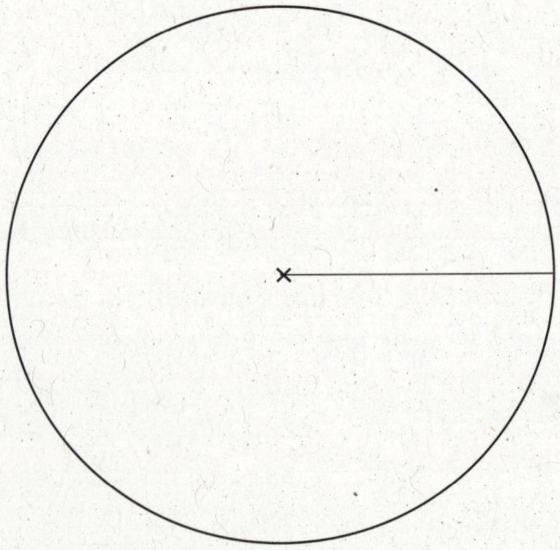

B Mittelwerte und Spannweite

1 Lisa, Doreen und Kira kaufen eine Campingausrüstung.
Lisa bezahlt für das Zelt 61,80 €, Doreen für die Isomatten 32,40 € und Kira für die Schlafsäcke 96,00 €. Sie berechnen, wie viel jeder bezahlen muss.
Wie viel Euro bekommt Kira noch von Lisa, wie viel Euro von Doreen?

Gesamtkosten:
61,80 € + 32,40 € + 96,00 € = 190,20 €

Kosten pro Person:
190,20 € : 3 = 63,40 €

Antwort: ______________________________

____

2 Timo, Marc und Tobias haben ihre durchschnittliche Körpergröße berechnet.
Sind sie im Durchschnitt größer als Eva, Tina, Sarah und Efsun?

Name	Eva	Tina	Sarah	Efsun
Körpergröße (cm)	174	170	167	176

Antwort: ______________________________

____

Timo: 166 cm Marc: 172 cm Tobias: 175 cm
arithmetisches Mittel (Durchschnittsgröße):

$\bar{x} = \frac{166 + 172 + 175}{3} = \frac{513}{3} = 171$

3 Herr Meyer hat die Tageseinnahmen im Schulkiosk für die letzte Schulwoche notiert.
a) Ordne die Daten in der Urliste der Größe nach. Beginne mit dem kleinsten Wert.
b) Bestimme den Wert $\tilde{x}$, der in der Mitte der geordneten Urliste steht. Dieser Wert wird Median genannt.
c) Bestimme den kleinsten Wert, das Minimum, und den größten Wert, das Maximum.
Berechne die Differenz aus Maximum und Minimum. Diese Differenz wird Spannweite genannt.
d) Berechne das arithmetische Mittel $\bar{x}$.

Tageseinnahmen (€)
88,50 124,30 76,30 28,90 108,00

geordnete Urliste:

_____ _____ _____ _____ _____

$\tilde{x}$ = ____ Minimum: ____ Maximum: ____ Spannweite: ____ $\bar{x}$ = ____

4 Die Mädchen der Klasse 8 b haben ihre Körpergröße gemessen und in einer Urliste notiert.
a) Bestimme den Median $\tilde{x}$. Bei einer geraden Anzahl von Werten ist der Median das arithmetische Mittel der beiden mittleren Werte in der geordneten Urliste.
b) Bestimme die Spannweite und das arithmetische Mittel $\bar{x}$.

Körpergröße (m)
1,66 1,70 1,64 1,56 1,72 1,68 1,58 1,48 1,60
1,48 1,50 1,65 1,71 1,62

$\tilde{x}$ = ____ Spannweite: ____ $\bar{x}$ = ____

Ungerader Stichprobenumfang:

Körpergröße (cm)				
173	160	164	149	165

Arithmetisches Mittel $\bar{x}$:

$\bar{x} = \frac{173 + 160 + 164 + 149 + 165}{5} = \frac{811}{5} = 162{,}2$

Geordnete Urliste:

149 160 [164] 165 173

Median: $\tilde{x} = 164$

Spannweite: 173 – 149 = 24

Gerader Stichprobenumfang:

Körpergröße (cm)					
173	160	164	149	165	173

Arithmetisches Mittel $\bar{x}$:

$\bar{x} = \frac{173 + 160 + 164 + 149 + 165 + 173}{6} = \frac{984}{6} = 164$

Geordnete Urliste:

149 160 [164 165] 173 173

Median: $\tilde{x} = \frac{164 + 165}{2} = 164{,}5$

Spannweite: 173 – 149 = 24

5 a) Berechne zu den in den Urlisten angegebenen Wurfweiten jeweils das arithmetische Mittel $\bar{x}$, den Median $\tilde{x}$ und die Spannweite. Runde sinnvoll.

Wurfweiten von Tanja (m)				
25,5	30,0	33,5	28,5	32,5

$\bar{x}$ = ☐ $\tilde{x}$ = ☐ Spannweite: ☐

Wurfweiten von Sara (m)					
27,5	12,5	34,0	35,5	35,0	33,0

$\bar{x}$ = ☐ $\tilde{x}$ = ☐ Spannweite: ☐

b) Wer von beiden ist die bessere Werferin? Begründe schriftlich.

Antwort: ______________________________

6 Die Daten einer Umfrage zum Thema „Anzahl der Mobiltelefone im Haushalt“ wurden in einer Urliste notiert.

a) Fasse die Daten in der Häufigkeitstabelle zusammen.

b) Berechne das arithmetische Mittel $\bar{x}$ mithilfe der absoluten Häufigkeiten.

c) Stelle dir die Daten in einer geordneten Urliste vor. Bestimme den Median.

d) Berechne die Spannweite.

Anzahl der Mobiltelefone

~~1~~ 3 4 5 2 2 3 2 3 5 6 ~~1~~ 3 2 5 4 3 4 2 5 3
4 3 2 ~~1~~ 2 3 5 4 3 6 5 3 2 ~~1~~ 4 5 ~~1~~ 2 4 6 3
4 2 4 3 2 3 4 3

Anzahl der Mobiltelefone	absolute Häufigkeit	Produkt
1	5	$5 \cdot 1 = 5$
2		
3		
4		
5		
6		
Summe		

$\bar{x}$ = ☐ $\tilde{x}$ = ☐ Spannweite: ☐

C Wahrscheinlichkeit von Ergebnissen

1 Aus der Urne wird eine Kugel gezogen und die zugehörige Zahl notiert. Dann wird die Kugel wieder in die Urne zurückgelegt.

a) Schreibe die Menge aller möglichen Ergebnisse S auf.

S = {______________________________

b) Das Zufallsexperiment „Ziehen einer Kugel“ soll 100-mal durchgeführt werden. Welche absolute Häufigkeit erwartest du für jedes einzelne Ergebnis? Welche relative Häufigkeit erwartest du?

erwartete absolute Häufigkeit: ________ erwartete relative Häufigkeit: ________

c) Das Zufallsexperiment soll 1000-mal durchgeführt werden.

erwartete absolute Häufigkeit: ________ erwartete relative Häufigkeit: ________

2 Das Glücksrad wird einmal gedreht, die Farbe des Kreisausschnitts, auf den der Zeiger weist, notiert.

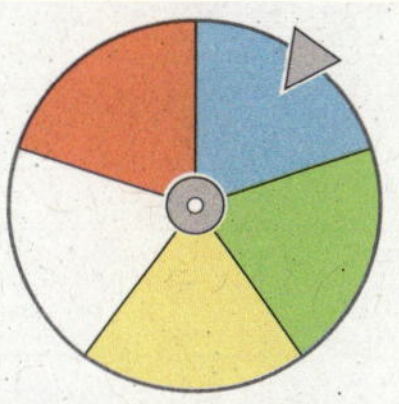

a) Schreibe die Ergebnismenge S auf.

S = {______________________________

b) Das Zufallsexperiment „Drehen des Glücksrades“ soll 300-mal durchgeführt werden. Welche absolute Häufigkeit, welche relative Häufigkeit erwartest du für jedes einzelne Ergebnis?

erwartete absolute Häufigkeit: ________ erwartete relative Häufigkeit: ________

c) Das Zufallsexperiment soll 4000-mal durchgeführt werden.

erwartete absolute Häufigkeit: ________ erwartete relative Häufigkeit: ________

Bei einem Zufallsexperiment lassen sich die Ergebnisse nicht sicher vorhersagen.

Die Menge der möglichen Ergebnisse wird Ergebnismenge S genannt.

Die erwartete relative Häufigkeit eines Ergebnisses wird Wahrscheinlichkeit P des Ergebnisses genannt.

Sind alle Ergebnisse gleichwahrscheinlich, so beträgt die Wahrscheinlichkeit für jedes Ergebnis:

$$P(\text{Ergebnis}) = \frac{1}{\text{Anzahl aller Ergebnisse}}$$

Solche Zufallsexperimente werden Laplace-Experimente genannt.

In einer Urne befinden sich 5 gleichartige Kugeln, die die Ziffern von 1 bis 5 tragen.
Es wird einmal gezogen.

$$S = \{1, 2, 3, 4, 5\}$$

5 gleichwahrscheinliche Ergebnisse:
$P(1) = P(2) = P(3) = P(4) = P(5) = \frac{1}{5}$

3 Das folgende Zufallsexperiment ist ein Laplace-Experiment. Gib die Wahrscheinlichkeit für jedes Ergebnis an.

a) Aus einer Klasse mit 29 Schülerinnen und Schülern wird eine Person zufällig ausgewählt.

P = ☐

b) Aus einem Kartenspiel mit 52 Karten wird eine Karte zufällig gezogen.

P = ☐

c) Tom, Birte, Sven und Jana losen aus, wer von ihnen Getränke holen muss.

P = ☐

d) Aus einer Lostrommel mit 250 Losen, die die Zahlen von 1 bis 250 tragen, wird ein Los gezogen.

P = ☐

Sind bei einem Zufallsexperiment die möglichen Ergebnisse nicht gleichwahrscheinlich, kannst du die Wahrscheinlichkeiten oft mithilfe eines Anteils bestimmen.

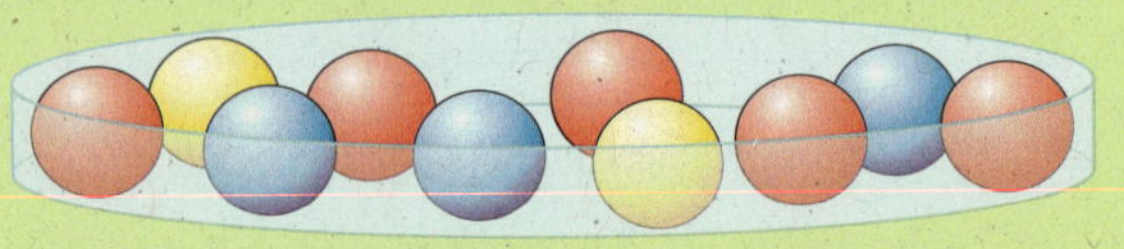

Zufallsexperiment: Aus einer Urne mit drei blauen, zwei gelben und fünf roten, sonst gleichartigen Kugeln wird eine Kugel gezogen.

S = {rot, blau, gelb}

5 von 10 Kugeln sind rot: P (rot) = $\frac{5}{10}$

3 von 10 Kugeln sind blau: P (blau) = $\frac{3}{10}$

2 von 10 Kugeln sind gelb: P (gelb) = $\frac{2}{10}$

4 Ein Glücksrad ist in 18 gleich große Sektoren eingeteilt. Vier Sektoren sind rot, fünf Sektoren grün, sechs Sektoren blau und drei Sektoren gelb. Das Glücksrad wird einmal gedreht. Bestimme die Ergebnismenge S und die Wahrscheinlichkeiten aller möglichen Ergebnisse.

S = {____________________

4 von 18 Sektoren sind rot: P (rot) = ________

5 von 18 Sektoren sind grün: P (grün) = ________

6 von 18 Sektoren sind blau: P (blau) = ________

3 von 18 Sektoren sind gelb: P (gelb) = ________

5 In einer Lostrommel liegen ein Hauptgewinn, 19 Kleingewinne, 30 Freilose und 450 Nieten. Ein Los wird gezogen. Bestimme die Ergebnismenge S und die Wahrscheinlichkeiten aller möglichen Ergebnisse.

S = {____________________

Anzahl aller Lose: ________

P (Hauptg.) = ________ P (Kleing.) = ________

P (Freilos) = ________ P (Niete) = ________

Lassen sich bei einem Zufallsexperiment die Wahrscheinlichkeiten der Ergebnisse nicht mithilfe von Anteilen bestimmen, betrachtet man bereits erfolgte Durchführungen des Zufallsexperiments.

Zufallsexperiment: Werfen einer Streichholzschachtel.

Ergebnis	absolute Häufigkeit
Seitenfläche (S)	27
Grund- oder Deckfläche (G)	61
Vorder- oder Rückfläche (V)	12
Summe	100

Schätzwert für die Wahrscheinlichkeit eines Ergebnisses ist dann die vorher ermittelte relative Häufigkeit.

P (S) = $\frac{27}{100}$ P (G) = $\frac{61}{100}$ P (V) = $\frac{12}{100}$

6 In einem Autoquartett sind auf zwölf Karten deutsche Autos, auf acht Karten französische, auf neun Karten japanische und auf sieben Karten italienische Autos abgebildet. Eine Karte wird gezogen. Bestimme die Wahrscheinlichkeiten aller Ergebnisse.

Anzahl aller Karten: ________

P (d. Auto) = ________ P (jap. Auto) = ________

P (f. Auto) = ________ P (it. Auto) = ________

7 Jugendliche in Deutschland wurden gefragt, wie häufig sie Bücher lesen. Das Ergebnis der Befragung wird in der Häufigkeitstabelle dargestellt.

Ergebnis	absolute Häufigkeit
nie	410
einmal pro Monat oder weniger	250
einmal pro Woche oder weniger	160
täglich oder mehr als einmal pro Woche	180
Summe	

Ein zufällig ausgewählter Jugendlicher wird gefragt, wie häufig er Bücher liest.

P (nie) = ________ P (einmal pro M.) = ________

P (einmal pro W.) = ________ P (täglich) = ________

8 Für eine Tombola soll eine Lostrommel mit 500 Losen befüllt werden. Die Wahrscheinlichkeit für einen Hauptgewinn soll $\frac{1}{250}$ betragen, die Wahrscheinlichkeit für einen Gewinn $\frac{2}{50}$, für einen Kleingewinn $\frac{3}{20}$ und für ein Freilos $\frac{1}{4}$.
Im Beispiel wird die Anzahl der Lose mit einem Hauptgewinn berechnet.
a) Wie viele Lose mit einem Gewinn (einem Kleingewinn) müssen in die Urne gesteckt werden?

Anzahl der Lose mit einem Gewinn: ________

Anzahl der Lose mit einem Kleingewinn: ________

b) Wie viele Freilose, wie viele Nieten muss die Urne enthalten?

Anzahl der Freilose: ________

Anzahl der Nieten: ________

P(Hauptgewinn) = $\frac{1}{250}$

Anteil der Lose mit einem Hauptgewinn an allen 500 Losen: $\frac{1}{250}$

$\frac{1}{250}$ von 500: $\frac{1}{250} \cdot 500 = 2$

Die Urne muss 2 Lose mit einem Hauptgewinn enthalten.

9 Ein Glücksrad soll in gleichgroße Kreisausschnitte eingeteilt werden, die entweder das Symbol für Kreuz, Pik, Herz oder Karo tragen.
Die Wahrscheinlichkeit dafür, dass der Zeiger auf ein Feld mit Kreuz zeigt, soll $\frac{1}{4}$ betragen, auf ein Feld mit Pik ebenfalls $\frac{1}{4}$, auf ein Feld mit Herz $\frac{1}{6}$ und auf ein Feld mit Karo $\frac{1}{3}$.
a) Welche Einteilung wählst du?

Antwort: ________________________________

____

b) Wie viele Kreisausschnitte tragen dann Kreuz (Pik, Herz, Karo)?

Antwort: ________________________________

____

10 In dem Text rechts findest du Informationen zu drei medizinischen Sachverhalten. Bestimme zu jedem Sachverhalt jeweils die Wahrscheinlichkeiten und vergleiche.

P (Blutgruppe AB) = ________

P (Blutgruppe B) = ________

P (Rot-Grün-Farbsehschwäche Männer) = ________

P (Rot-Grün-Farbsehschwäche Frauen) = ________

P (Übergewicht Männer) = ________

P (Übergewicht Frauen) = ________

Von 250 Europäern haben 15 die Blutgruppe AB, von 150 Europäern 21 die Blutgruppe B.

Von 200 untersuchten Männern haben 18 eine Rot-Grün-Farbsehschwäche, von 1500 untersuchten Frauen 16.

In Deutschland haben 150 von 200 Männern und 236 von 400 Frauen Übergewicht.

D Wahrscheinlichkeit von Ereignissen

1 In einer Urne befinden sich 15 gleichartige Kugeln, die die Zahlen von 1 bis 15 tragen. Eine Kugel wird gezogen, die zugehörige Zahl notiert.

In dem Beispiel wird die Wahrscheinlichkeit für das Ereignis E: „Die gezogene Zahl ist kleiner als 5“ bestimmt.

Das Ereignis E tritt ein, wenn eine Zahl gezogen wird, die kleiner als 6 ist, also wenn die 1, die 2, die 3, die 4 oder die 5 gezogen wird.

Du kannst das Ereignis E auch als Menge von Ergebnissen schreiben:

$E = \{1, 2, 3, 4, 5\}$

Alle Ergebnisse sind gleichwahrscheinlich, der Anteil der zu E gehörigen Ergebnisse an allen möglichen Ergebnissen beträgt $\frac{5}{15}$.

Damit gilt: $P(E) = \frac{5}{15}$

Gib die folgenden Ereignisse jeweils als Menge von Ergebnissen an und berechne ihre Wahrscheinlichkeit.

E_1: Die gezogene Zahl ist größer als 8.

$E_1 = \{$ ______ $P(E_1) =$ ______

E_2: Die gezogene Zahl ist größer als 7 und kleiner als 13.

$E_2 = \{$ ______ $P(E_2) =$ ______

E_3: Die gezogene Zahl ist gerade.

$E_3 = \{$ ______ $P(E_3) =$ ______

E_4: Die gezogene Zahl ist durch 3 teilbar.

$E_4 = \{$ ______ $P(E_4) =$ ______

E_5: Die gezogene Zahl ist durch 9 teilbar.

$E_5 = \{$ ______ $P(E_5) =$ ______

E_6: Die gezogene Zahl ist kleiner als 20.

$E_6 = \{$ ______ $P(E_6) =$ ______

2 Bei einer Tombola werden 500 Lose mit den Losnummern 001 bis 500 verkauft. Anschließend werden die Gewinne verlost. Die drei Hauptgewinne fallen auf die Lose 088, 256 und 469. Die Lose 123, 432, 321, 007, 208 und 355 erzielen jeweils einen Kleingewinn und für alle Lose mit einer 7 als Einerziffer gibt es einen Trostpreis. Gib die Ereignisse jeweils als Menge von Ergebnissen an und berechne ihre Wahrscheinlichkeiten.

E_1: Das Los erzielt einen Hauptgewinn.

$E_1 = \{$ ______

Anzahl der zu E_1 gehörigen Ergebnisse: ______

Anzahl aller Ergebnisse: ______ $P(E_1) =$ ______

E_2: Das Los erzielt einen Kleingewinn.

$E_2 = \{$ ______

Anzahl der zu E_2 gehörigen Ergebnisse: ______

$P(E_2) =$ ______

E_3: Das Los erzielt einen Trostpreis.

Anzahl der zu E_3 gehörigen Ergebnisse: ______

$P(E_3) =$ ______

E_4: Das Los ist eine Niete.

$E_4 = \{$ ______

Anzahl der zu E_4 gehörigen Ergebnisse: ______

$P(E_4) =$ ______

Bei einem Laplace-Experiment sind alle Ergebnisse gleichwahrscheinlich.

Du bestimmst dann die Wahrscheinlichkeit für jedes Ereignis, indem du die Anzahl der zu dem Ereignis gehörenden Ergebnisse durch die Anzahl aller möglichen Ergebnisse dividierst.

$$P(\text{Ereignis}) = \frac{\text{Anzahl der zugehörigen Ergebnisse}}{\text{Anzahl aller Ergebnisse}}$$

3 Aus einem Kartenspiel mit 32 Karten wird eine Karte gezogen. Gib das Ereignis E als Menge von Ergebnissen an und berechne seine Wahrscheinlichkeit.

E: Die gezogene Karte ist eine Dame.

E = {Karo-Dame, ______

Anzahl der zu E gehörigen Ergebnisse: ______

Anzahl aller Ergebnisse: ______ $P(E) =$ ______

4 Ein Glücksrad ist in 18 gleich große Sektoren eingeteilt. Drei Sektoren tragen die Ziffer 1, vier Sektoren die Ziffer 2, fünf Sektoren die Ziffer 3 und sechs Sektoren die Ziffer 4. Das Glücksrad wird einmal gedreht.

In dem Beispiel wird die Wahrscheinlichkeit für das Ereignis E: „Es wird eine Zahl kleiner als 3 angezeigt" bestimmt.

Das Ereignis E tritt ein, wenn eine 1 oder eine 2 angezeigt wird.

$E = \{1, 2\}$

Für die Wahrscheinlichkeiten der zu E gehörigen Ergebnisse gilt:

Anzahl der Sektoren mit Ziffer 1: 3
Anzahl der Sektoren mit Ziffer 2: 4

$P(1) = \frac{3}{18}$ $P(2) = \frac{4}{18}$

Damit gilt für die Wahrscheinlichkeit des Ereignisses E:

$P(E) = P(1) + P(2) = \frac{3}{18} + \frac{4}{18} = \frac{7}{18}$

Gib die folgenden Ereignisse jeweils als Menge an und berechne ihre Wahrscheinlichkeit.

E_1: Es wird eine Zahl größer als 2 angezeigt.

$E_1 = \{$ __________

Wahrscheinlichkeit der zugehörigen Ergebnisse:

$P(3) =$ ______ $P(4) =$ ______

$P(E_1) = P(3) + P(4) =$ __________

E_2: Es wird eine Zahl kleiner als 4 angezeigt.

$E_2 = \{$ __________

Wahrscheinlichkeit der zugehörigen Ergebnisse:

____

$P(E_2) =$ __________

E_3: Es wird eine ungerade Zahl angezeigt.

$E_3 = \{$ __________

Wahrscheinlichkeit der zugehörigen Ergebnisse:

____

$P(E_3) =$ __________

5 Eine Befragung in 1000 Haushalten nach der Anzahl der Fernsehgeräte führte zu dem in der Tabelle dargestellten Ergebnis. In einem zufällig ausgewählten Haushalt wird nach der Anzahl der Fernseher gefragt.
Gib die folgenden Ereignisse jeweils als Menge an und berechne ihre Wahrscheinlichkeit.

Anzahl Fernseher	absolute Häufigkeit
0	18
1	176
2	386
3	254
4	112
5 und mehr	54

E_1: Es gibt weniger als 3 Fernseher.

$E_1 = \{0,$ ______

Wahrscheinlichkeiten der zugehörigen Ergebnisse:

$P(0) = \frac{18}{1000}$ P(___) = ___ P(___) = ___

$P(E_1) =$ __________

E_2: Es gibt mehr als 3 Fernseher.

$E_2 = \{$ __________

Wahrscheinlichkeiten der zugehörigen Ergebnisse: __________

$P(E_2) =$ __________

E_3: Es gibt mehr als 1 und weniger als 5 Fernseher.

$E_3 = \{$ __________

Wahrscheinlichkeiten der zugehörigen Ergebnisse: __________

$P(E_3) =$ __________

Du berechnest die Wahrscheinlichkeit für ein Ereignis E, indem du die Wahrscheinlichkeiten der zugehörigen Ergebnisse addierst.

6 In einer Urne befinden sich 30 gleichartige Kugeln, die die Zahlen von 1 bis 30 tragen. Eine Kugel wird gezogen.
Beschreibe das angegebene Ereignis wie im Beispiel durch eine Aussage. Es sind mehrere Aussagen möglich.

$E_1 = \{4, 5, 6, 7, 8, 9, 10\}$

E_1: Die gezogene Zahl ist kleiner als 11 und größer als 3.
E_1: Die gezogene Zahl ist mindestens 4 und höchstens 10.

$E_2 = \{10, 11, 12, 13, 14, 15, 16, 17, 18, 19\}$

E_2: ______________________________

$E_3 = \{5, 10, 15, 20, 25, 30\}$

E_3: ______________________________

$E_4 = \{2, 3, 5, 7, 11, 13, 17, 19, 23, 29\}$

E_4: ______________________________

$E_5 = \{ \quad \}$

E_5: ______________________________

$E_6 = \{1, 2, 3, 4, \ldots, 28, 29, 30\}$

E_6: ______________________________

$E_7 = \{19\}$

E_7: ______________________________

7 1000 Jugendliche zwischen 12 und 16 Jahren wurden gefragt, wie lange sie im Durchschnitt täglich das Internet nutzen. Das Ergebnis der Befragung wird in dem Histogramm grafisch dargestellt.

Durchschnittliche tägliche Nutzung des Internets (min)

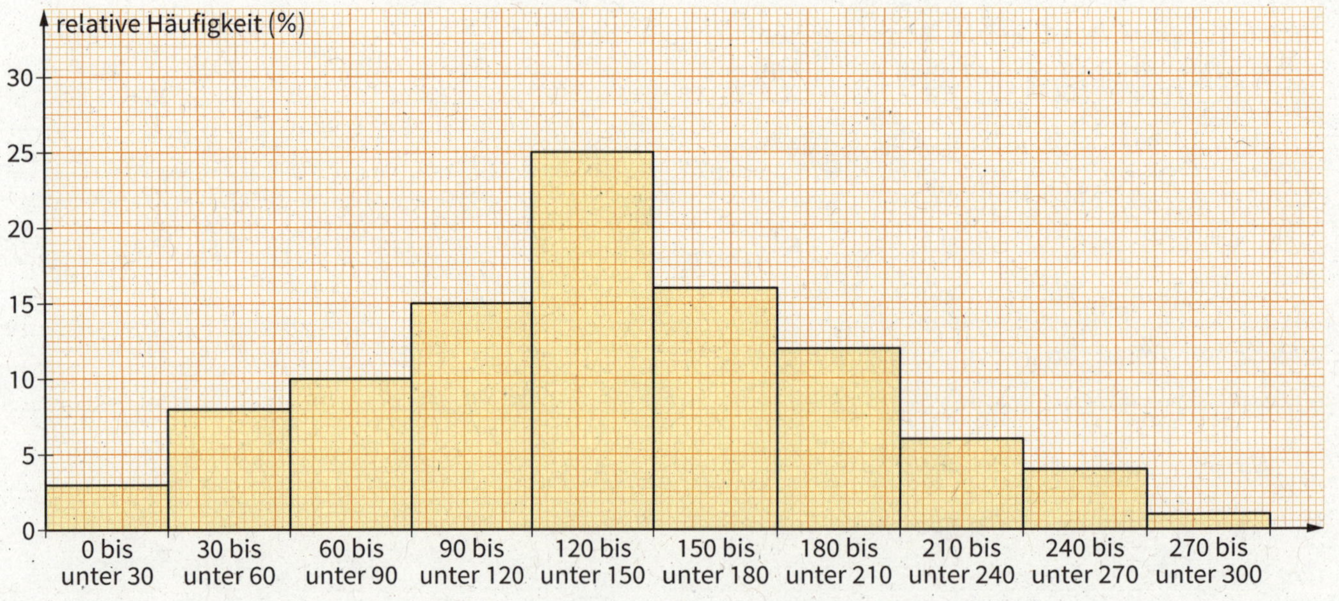

Ein zufällig ausgewählter Jugendlicher zwischen 12 und 16 Jahren wird gefragt, wie lange er täglich das Internet nutzt. Gib jeweils einen Schätzwert für die Wahrscheinlichkeiten der folgenden Ereignisse an:

E_1: Der Jugendliche nutzt das Internet weniger als 120 Minuten. $P(E_1) \approx$ ______________

E_2: Der Jugendliche nutzt das Internet mindestens 90 Minuten. $P(E_2) \approx$ ______________

E_3: Der Jugendliche nutzt das Internet zwischen 90 und 180 Minuten. $P(E_3) \approx$ ______________

1 Eine Untersuchung der Körpergröße von 14-jährigen Jungen führte zu den in der Urliste gesammelten Daten.

Körpergröße (cm)
185 180 176 170 165 160 155 152 143 144 153
159 164 169 173 181 186 180 171 165 160 155
154 154 158 162 166 174 172 166 160 157 157
163 165 173 172 166 161 164 168 167 161 164
168 167 162 163 167 163

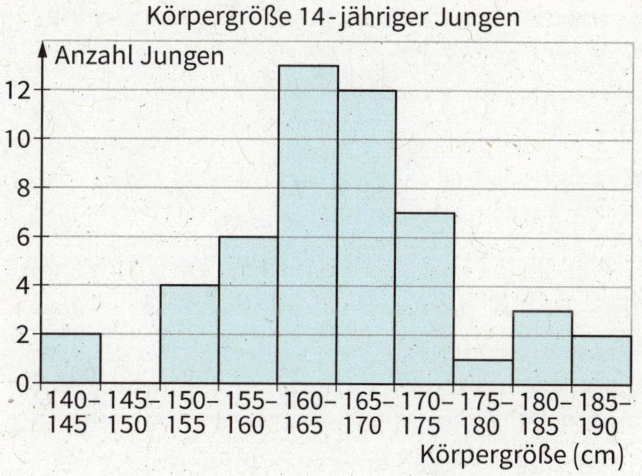

Zu den Daten wurde eine Klasseneinteilung vorgenommen und das abgebildete Histogramm gezeichnet.

a) Beschreibe das Histogramm. Was fällt dir auf?

____

____

____

b) Fasse die Daten von 140 cm bis 155 cm und die Daten von 175 cm bis 190 cm jeweils in einer Klasse zusammen. Zeichne dann ein neues Histogramm. Da diese Klassen in dem Histogramm dreimal so breit sind, darf die Rechteckhöhe bei gleicher Häufigkeit dann nur ein Drittel der Rechteckhöhe in den anderen Klassen betragen.

c) Vergleiche dein Histogramm mit dem abgebildeten. Was fällt dir auf?

d) Berechne einen Schätzwert für das arithmetische Mittel. Multipliziere dazu jede Klassenmitte mit der zugehörigen absoluten Häufigkeit und dividiere dann die Summe dieser Produkte durch die Anzahl aller Daten. Vergleiche mit dem arithmetischen Mittel.

2 In der Zeichnung siehst du Bauernhöfe, die an einer Straße liegen. Die eingetragenen Kilometer geben die Entfernung zur nächsten Stadt an.

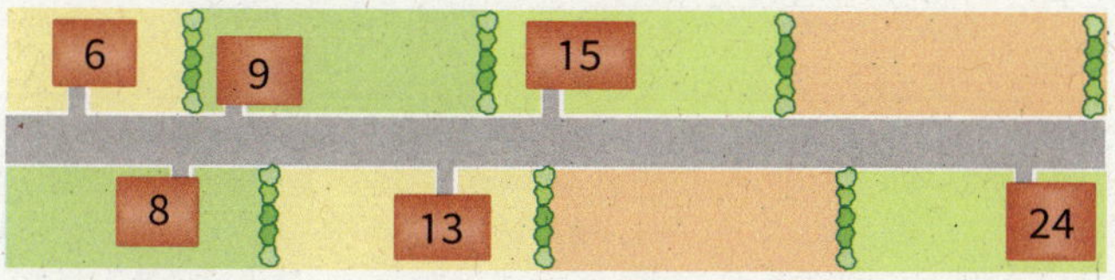

Die Bauern möchten eine zentrale Milchsammelstation einrichten. Sie überlegen, ob die Station an der Stelle liegen soll, die durch den Median aller Entfernungen festgelegt wird, oder an der Stelle, die durch das arithmetische Mittel bestimmt wird. Welche Stelle sollten die Bauern wählen?

3 Aus der abgebildeten Urne soll zweimal eine Kugel gezogen werden.

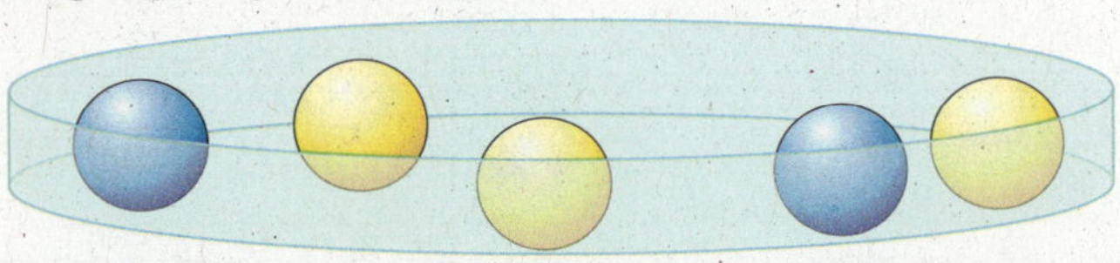

Nach jeder Ziehung wird die Farbe der gezogenen Kugel notiert, die Kugel wird dann wieder in die Urne zurückgelegt.
In der Abbildung siehst du, dass in dem zugehörigen Baumdiagramm an zwei Teilpfaden jeweils die zugehörige Wahrscheinlichkeit eingetragen ist.
a) Trage an die übrigen Teilpfade die zugehörigen Wahrscheinlichkeiten ein.
b) Ermittle mithilfe des abgebildeten Baumdiagramms alle möglichen Ergebnisse. Gib die Ergebnismenge S an.
c) Berechne wie im Beispiel die Wahrscheinlichkeiten für die übrigen Ergebnisse.

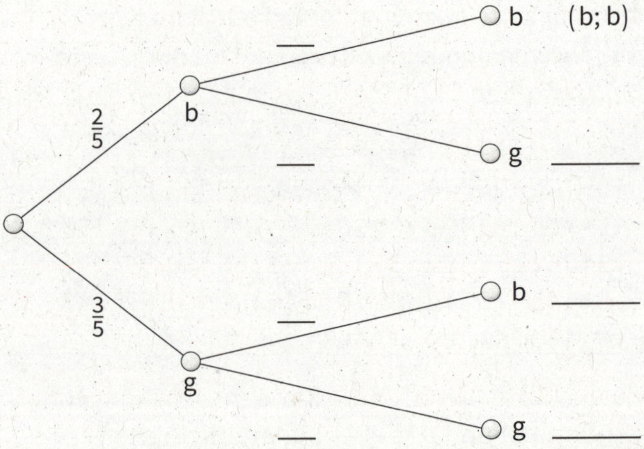

S = {______________________________

P (b, b) = ▒

Bei einer großen Anzahl von Versuchen erwartest du:

1. Der Anteil der Versuche, bei denen die erste Kugel blau ist, beträgt $\frac{2}{5}$.
2. Bei $\frac{2}{5}$ von diesem Anteil ist auch die zweite gezogene Kugel blau.

   $\frac{2}{5}$ von $\frac{2}{5}$: $\frac{2}{5} \cdot \frac{2}{5} = \frac{4}{25}$

   $P(b, b) = \frac{2}{5} \cdot \frac{2}{5} = \frac{4}{25} = 0{,}16 = 16\ \%$

4 Das abgebildete Glücksrad soll zweimal gedreht werden.

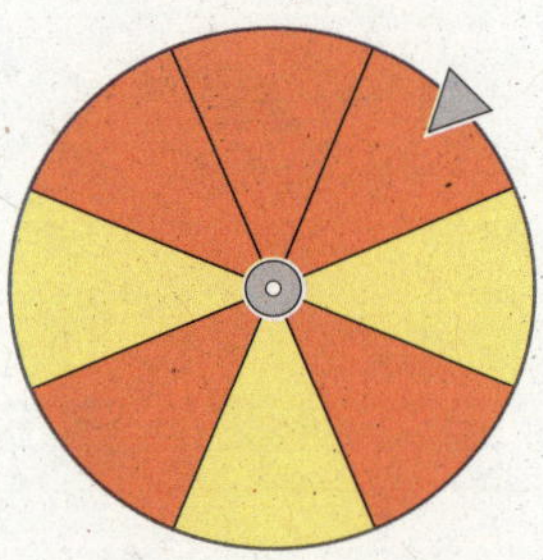

a) Zeichne das zugehörige Baumdiagramm. Schreibe an die Teilpfade die zugehörigen Wahrscheinlichkeiten. Gib die Ergebnismenge S an.
b) Berechne die Wahrscheinlichkeiten aller Ergebnisse.

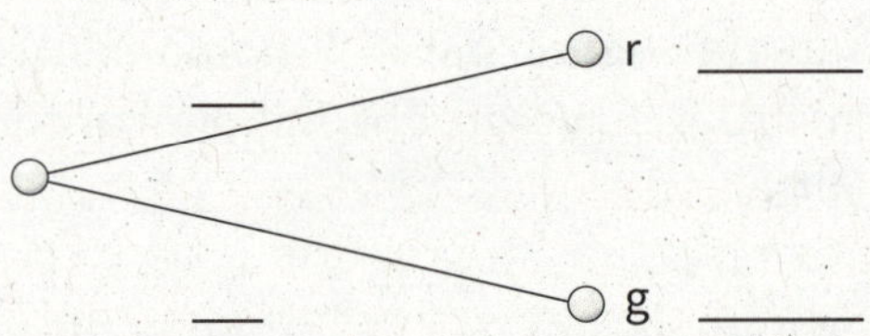

S = {______________________________

Multiplikationsregel
Die Wahrscheinlichkeit für ein Ergebnis (einen Pfad) ist gleich dem Produkt der Wahrscheinlichkeiten längs des Pfades.

5 Eine Münze wird dreimal geworfen. Nach jedem Wurf wird das Ergebnis (Z: Zahl, B: Bild) notiert.

a) Vervollständige das Baumdiagramm, trage die Wahrscheinlichkeiten an den Teilpfaden ein. Gib die Ergebnismenge S an.

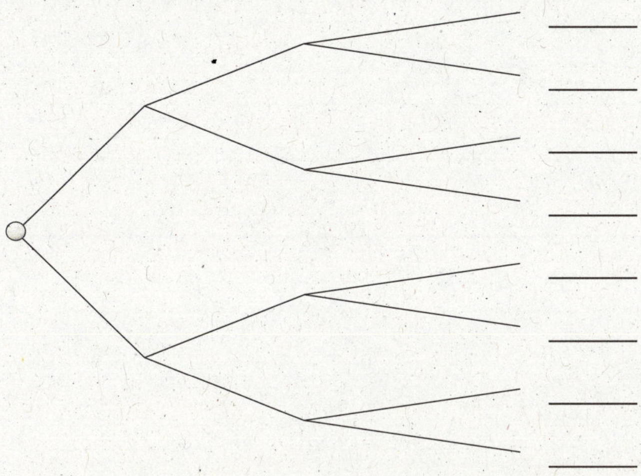

S = {

b) Berechne die Wahrscheinlichkeiten aller Ergebnisse.

c) Schreibe die folgenden Ereignisse als Mengen und berechne ihre Wahrscheinlichkeit:

E_1: Die Münze zeigt genau zweimal Bild.

E_2: Die Münze zeigt höchstens einmal Bild.

Additionsregel
Die Wahrscheinlichkeit für ein Ergebnis ist gleich der Summe der Wahrscheinlichkeiten der zugehörigen Pfade.

6 Aus der abgebildeten Urne wird zweimal nacheinander eine Kugel gezogen. Die zuerst gezogene Kugel wird nicht zurückgelegt.

a) Zeichne das zugehörige Baumdiagramm, trage die Wahrscheinlichkeiten an den Teilpfaden ein. Gib die Ergebnismenge S an.

S = {

b) Berechne die Wahrscheinlichkeiten aller Ergebnisse.

c) Gib die folgenden Ereignisse als Mengen an und berechne ihre Wahrscheinlichkeiten:

E_1: Genau eine gezogene Kugel ist grün.

E_2: Keine gezogene Kugel ist schwarz.

Diagnosetest 4

A Grundaufgaben der Prozentrechnung

1 In einer Umfrage unter 1600 Personen würden 38 % der Befragten für ein Elektroauto einen höheren Preis bezahlen. Wie viele Personen sind das?

Gegeben: ______________________________

Gesucht: ______________________________

Antwort: ______________________________

2 In einem Fahrrad-Parkhaus sind 420 Fahrräder abgestellt. Damit sind 60 % der Plätze belegt. Wie viele Fahrräder können dort abgestellt werden?

Gegeben: ______________________________

Gesucht: ______________________________

Antwort: ______________________________

3 Familie Bruns bewirtschaftet eine 60 ha große Ackerfläche. Auf einer Fläche von 24 ha haben sie Mais angepflanzt. Wie viel Prozent der Ackerfläche sind das?

Gegeben: ______________________________

Gesucht: ______________________________

Antwort: ______________________________

B Prozentuale Veränderungen

1 Der Preis für ein Blu-Ray-Player beträgt 160 €. Er wird um 25 % reduziert. Berechne den ermäßigten Preis.

Antwort: ______________________________

2 Im vergangenen Schuljahr besuchten 120 Jugendliche den 8. Jahrgang. In diesem Schuljahr sind es 5 % mehr. Wie viele Jugendliche besuchen dieses Jahr den 8. Jahrgang?

Antwort: ______________________________

3 Ein Grundstück wurde 2014 zu einem Preis von 60 000 € angeboten. 2015 erhöhte sich der Kaufpreis um 10 % und 2016 noch einmal um 5 %. Wie viel Euro müssen nach den beiden Erhöhungen für das Grundstück bezahlt werden?

Antwort: ______________________________

C Grundaufgaben der Zinsrechnung

1 Frau Sünnen hat 17 500 € zu einem Zinssatz von 0,8 % angelegt.
Wie viel Euro Zinsen erhält sie im Jahr?

Antwort: ______________________

2 Vanessas Großeltern haben für ihre Enkelin ein Sparkonto eingerichtet. Bei einem Zinssatz von 0,5 % erhält sie nach einem Jahr 85 € Zinsen. Welchen Betrag haben die Großeltern zu Beginn des Jahres eingezahlt?

Antwort: ______________________

3 Zur Finanzierung seiner Eigentumswohnung hat Herr Solbach ein Darlehen von 65 000 € aufgenommen. Er zahlt dafür 2080 € Zinsen im Jahr. Bestimme den Zinssatz des Darlehens.

Antwort: ______________________

D Anwendungen der Zinsrechnung

1 Zur Finanzierung ihres neuen Autos hat Frau Queißer ein Darlehen von 18 500 € aufgenommen. Nach einem Jahr zahlt sie 18 907 € zurück. Bestimme den Zinssatz des Darlehens.

Antwort: ______________________

2 Frau Grom überzieht ihr Girokonto vom 6. April bis 26. Mai um 400 €. Ihre Bank berechnet dafür einen Zinssatz von 9,9 %. Wie viel Euro Zinsen muss sie für die Kontoüberziehung bezahlen?

Antwort: ______________________

3 Zu Beginn des Jahres 2014 hat Herr Gehring 15 000 € für zwei Jahre bei einer Direktbank angelegt. Am Ende des Jahres 2014 betrug sein Guthaben 15 120 €, am Ende des Jahres 2015 betrug es 15 346,80 €.
Bestimme den Zinssatz für 2014 (für 2015).

Zinssatz 2014: __________ Zinssatz 2015: __________

4 Herr Noll legt 5000 € für drei Jahre zu einem Zinssatz von 1,5 % an.
Dabei werden die Zinsen eines Jahres im folgenden Jahr zusammen mit dem Guthaben verzinst.
Bestimme das Guthaben nach drei Jahren.

Antwort: ______________________

Kreuze deine richtigen Ergebnisse an.

A Grundaufgaben der Prozentrechnung

1 Gegeben: Grundwert 1600 Befragte; Prozentsatz 38 % Gesucht: Prozentwert
Antwort: 608 Personen würden für ein Elektroauto einen höheren Preis bezahlen. ☐

2 Gegeben: Prozentwert 420 Fahrräder; Prozentsatz 60 % Gesucht: Grundwert
Antwort: 700 Fahrräder können in dem Parkhaus abgestellt werden. ☐

3 Gegeben: Grundwert 60 ha; Prozentwert 24 ha Gesucht: Prozentsatz
Antwort: 40 % der Ackerfläche sind mit Mais angebaut. ☐

B Prozentuale Veränderungen

1 Ermäßigte Preis: 120 € ☐

2 Anzahl der Schülerinnen und Schüler in diesem Jahr: 126 ☐

3 Antwort: 69 300 € müssen für das Grundstück bezahlt werden. ☐

C Grundaufgaben der Zinsrechnung

1 Sie erhält 140 € Zinsen. ☐

2 Die Großeltern haben 17 000 € eingezahlt. ☐

3 Der Zinssatz beträgt 3,2 %. ☐

D Anwendungen der Zinsrechnung

1 Der Zinssatz beträgt 2,2 %. ☐

2 Die Zinsen betragen 5,50 €. ☐

3 Im Jahr 2014 betrug der Zinssatz 0,8 %, im Jahr 2015 betrug er 1,5 %. ☐

4 Das Guthaben beträgt 5228,39 €. ☐

Tabelle zur Selbsteinschätzung

Kreuze für jedes Teilthema das Feld an, das nach deiner Einschätzung für dich zutrifft. Die Seitenangabe in dem angekreuzten Feld nennt dir dann die Seite, auf der du weiterarbeiten solltest.

Teilthemen	Ich hatte bei fast allen Aufgaben Schwierigkeiten.	Ich hatte bei einigen Aufgaben Schwierigkeiten.	Ich hatte bei allen Aufgaben keine Schwierigkeiten
A	☐ Seite 57	☐ Seite 59	☐ Seite 67
B	☐ Seite 60	☐ Seite 61	☐ Seite 67
C	☐ Seite 62	☐ Seite 63	☐ Seite 67
D	☐ Seite 64	☐ Seite 65	☐ Seite 67

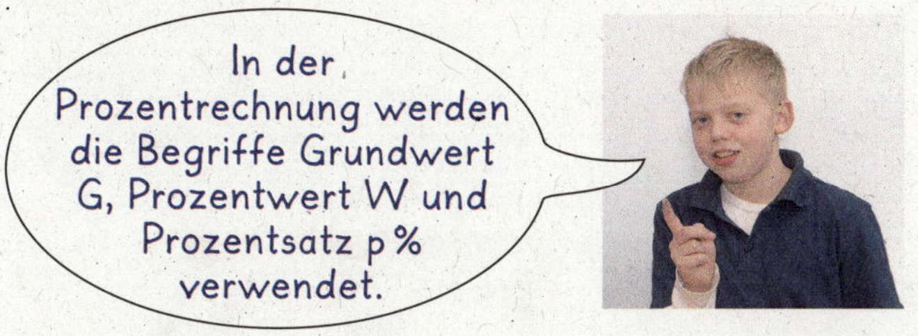

Ein Hundertstel einer Gesamtgröße wird Prozent genannt.
Der **Grundwert G** entspricht immer **100 %**.
Der **Prozentsatz p %** entspricht immer dem **Prozentwert W**.

1 Ergänze die Tabelle.

		Grundwert G (Ganzes)	Prozentwert W (Teil vom Ganzen)	Prozentsatz p% (Anteil in %)
	Paula erhält im Monat 30 € Taschengeld. Davon gibt sie für ihr Handy monatlich 6 € aus. Das sind 20 % ihres Taschengeldes.	30 €	6 €	20 %
a)	Ein Glas enthält 250 g Fruchtaufstrich. 55% davon sind Früchte. Das sind 137,5 g.			
b)	Die monatliche Miete von 420 € wird um 3 % erhöht. Das sind 12,60 €.			
c)	Von 600 Schülerinnen und Schülern einer Schule können 16 % nicht schwimmen. Das sind 96 Jugendliche.			
d)	Jan hat als Torwart in der vergangenen Spielzeit von 20 Elfmetern 12 gehalten. Das sind 60 %.			
e)	40 % von den 1400 Schülerinnen und Schülern einer Schule sind Mitglied in einem Sportverein. Das sind 560 Jugendliche.			

2 Welche Werte (Grundwert, Prozentwert, Prozentsatz) sind gegeben, welcher Wert wird gesucht?

a) Von 28 Schülerinnen und Schülern sind 12 % erkrankt.

Gegeben: ____________________

____

Gesucht: ____________________

b) Ein Handwerker gewährt auf eine Rechnung von 540,00 € einen Preisnachlass von 10,80 €.

Gegeben: ____________________

____

Gesucht: ____________________

c) Sechs Schülerinnen und Schüler einer Klasse haben einen Ferienjob. Das sind 25 %.

Gegeben: ____________________

____

Gesucht: ____________________

d) Von 200 Jugendlichen chatten 166 mehrmals pro Woche in einer Online-Community.

Gegeben: ____________________

____

Gesucht: ____________________

e) In einer Tiefgarage sind 420 Autos abgestellt. Das sind 80 % aller Parkplätze.

Gegeben: ____________________

____

Gesucht: ____________________

f) Eine 200-Liter-Regentonne ist zu 75 % mit Wasser gefüllt.

Gegeben: ____________________

____

Gesucht: ____________________

3 Bestimme mithilfe der abgebildeten Tabelle den gesuchten Wert.

a) Wie viel Gramm Wasser enthält der Apfel?

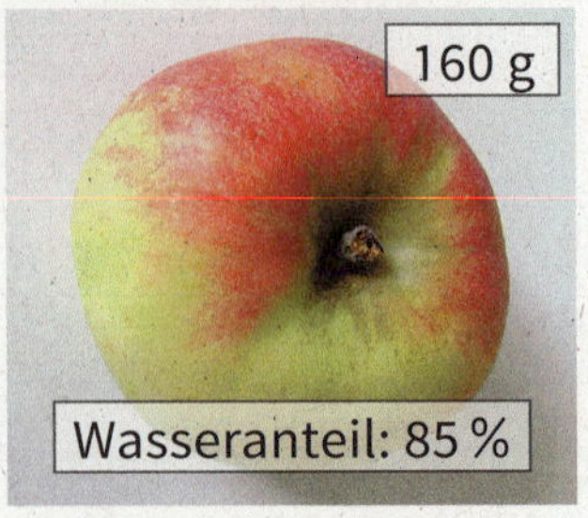

Gegeben: G = 160 g; p % = 85 %

Gesucht: ______________________

%	Gewicht (g)
100	160
1	$\frac{160}{100}$
85	$\frac{160 \cdot}{100}$ =

Antwort: ______________________

____

b) Wie viel Gramm beträgt die Portion?

Fettanteil in dieser Portion: 14,5 % bzw. 29 g

Gegeben: p % = 14,5 %; W = 29 g

Gesucht: ______________________

%	Gewicht (g)
14,5	29
1	$\frac{29}{14,5}$
100	$\frac{20 \cdot}{14,5}$ =

Antwort: ______________________

____

c) Wie groß ist der Zuckeranteil in Prozent?

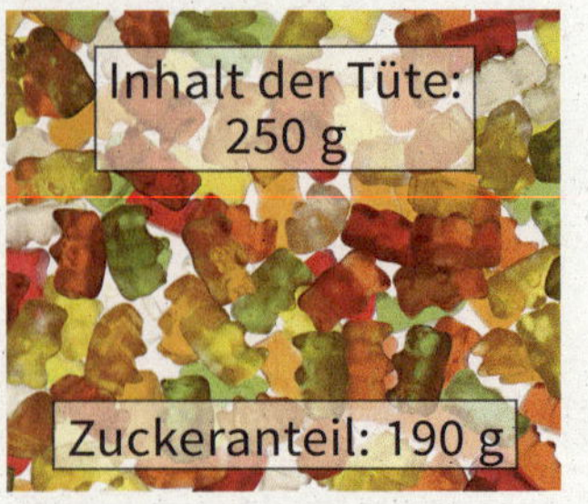

Gegeben: G = 250 g; W = 190 g

Gesucht: ______________________

Zuckeranteil (g)	%
250	100
1	$\frac{100}{250}$
190	$\frac{100 \cdot}{250}$ =

Antwort: ______________________

____

4 Spaghetti enthalten 3 % Fett. Wie viel Gramm Fett sind in einer 250-g-Portion enthalten?

Gegeben: G = 250 g; p % = 3 %

Gesucht: W

%	Masse (g)
100	250

Antwort: ______________________

____

5 Der Zuckeranteil einer Tafel Schokolade beträgt 55 %. Das sind 82,5 g. Wie viel Gramm wiegt die Tafel?

Gegeben: ______________________

Gesucht: ______________________

%	Masse (g)

Antwort: ______________________

____

6 Ein 200-g-Glas Marmelade enthält einen Fruchtanteil von 90 g. Wie viel Prozent sind das?

Gegeben: ______________________

Gesucht: ______________________

Masse (g)	%

Antwort: ______________________

____

Die Grundaufgaben der Prozentrechnung kannst du auch mithilfe von Formeln lösen.

Prozentwert berechnen

28 % von 420 € sind ▒ €

Gegeben: G = 420 €; p % = 28 %

Gesucht: W

$$W = \frac{G \cdot p}{100}$$

$$W = \frac{420 \cdot 28}{100} = 117{,}60$$

Der Prozentwert beträgt 117,60 €.

Grundwert berechnen

45 % ≙ 144 kg; 100 % ≙ ▒ kg

Gegeben: W = 144 kg; p % = 45 %

Gesucht: G

$$G = \frac{W \cdot 100}{p}$$

$$G = \frac{144 \cdot 100}{45} = 320$$

Der Grundwert beträgt 320 kg.

Prozentsatz berechnen

63 g sind ▒ von 180 g

Gegeben: G = 180 g; W = 63 g

Gesucht: p %

$$p\,\% = \frac{W \cdot 100}{G}\,\%$$

$$p\,\% = \frac{63 \cdot 100}{180}\,\% = 35\,\%$$

Der Prozentsatz beträgt 35 %.

7 Von 1250 befragten Jugendlichen nutzen 68 % ihr Handy auch zum Musikhören.

Frage: ____________________

____

Gegeben: ____________________

Gesucht: ____________________

Antwort: ____________________

____

8 Eine Schule hat 750 Schülerinnen und Schüler. 300 von ihnen suchen regelmäßig im Internet nach Informationen für ihre Hausaufgaben.

Frage: ____________________

____

Gegeben: ____________________

Gesucht: ____________________

Antwort: ____________________

____

9 Kartoffelchips enthalten 32 % Fett. Lars hat während eines Computerspiels eine Packung gegessen. Damit hat er 80 g Fett zu sich genommen.

Frage: ____________________

____

Gegeben: ____________________

Gesucht: ____________________

Antwort: ____________________

____

10 Yesim kaut beim Surfen im Internet gerne Kaugummi. Ein 30-g-Paket Kaugummi enthält 24 g Zucker.

Frage: ____________________

____

Gegeben: ____________________

Gesucht: ____________________

Antwort: ____________________

____

1 Ein Online-Shop reduziert die Preise für alle Tablets um 20 %. Berechne den ermäßigten Preis. Es gibt zwei Lösungswege.

~~350 €~~
20 % billiger

1. Lösungsweg
Alter Preis ≙ 100 %
Ermäßigung ≙ 20 %
20 % von 350 € sind ■ €

%	Preis (€)
100	350
1	
20	

Ermäßigter Preis:

350 € – ________ € = ________ €

2. Lösungsweg
Alter Preis ≙ 100 %
Ermäßigung ≙ 100 % – 20 % = 80 %
80 % von 350 € sind ■ €

%	Preis (€)
100	
1	

Ermäßigter Preis: ________ €

2 Die Heizkosten der Familie Köbbe betrugen 1490,00 € im Jahr 2015.

Ihre Stadtwerke – Der Gasanbieter
Nutzen Sie die Vorteile als Jahresvorauszahler und sparen 3 % auf Ihren Rechnungsbetrag!

Wie hoch wäre ihre Rechnung als Jahresvorauszahler gewesen? Wähle für deine Rechnung einen Lösungsweg aus.

Antwort: ______________________________

3 a) Für das abgebildete Auto soll der Preis um 3 % erhöht werden. Berechne den zukünftigen Preis. Es gibt zwei Lösungswege.

20 200 €

1. Lösungsweg
Alter Preis ≙ 100 %
Preiserhöhung ≙ 3 %
3 % von 20 200 € sind ■ €

%	Preis (€)
100	20 200
1	
3	

Erhöhter Preis:

20 200 € + ________ €

= ________ €

2. Lösungsweg
Alter Preis ≙ 100 %
Ermäßigung ≙ 100 % + 3 % = 103 %
103 % von 20 200 € sind ■ €

%	Preis (€)
100	
1	

Erhöhter Preis: ________ €

b) Der Preis eines Autos von 24 600 € wird um 2,5 % erhöht. Bestimme den erhöhten Preis.

Wähle für deine Rechnung einen Lösungsweg aus. Antwort: ______________________________

4 Wegen Geschäftsaufgabe werden in einem Sportgeschäft alle Artikel um 35 % reduziert. Merle kauft eine Trekkingjacke für 58,50 €.
Wie hoch war der ursprüngliche Preis? Löse die Aufgabe mithilfe der Tabelle.

Ermäßigter Preis: 58,50 €
Ermäßigter Preis ≙ 100 % – 35 % = 65 %

%	Preis (€)
65	58,50
1	
100	

Antwort: ______________________

5 In einem Praxistest lag die tatsächliche Reichweite eines Elektrorollers mit einer Tankfüllung genau 25 % über der Angabe des Herstellers. Der Roller legte in dem Test eine Strecke von 375 km zurück.
Welche Reichweite hatte der Hersteller angegeben? Löse die Aufgabe mithilfe der Tabelle.

Tatsächliche Reichweite: 375 km
Tatsächliche Reichweite ≙ 100 % + 25 % = 125 %

%	Reichweite (km)
125	

Antwort: ______________________

6 Für den Einbau einer Duschtrennwand werden einschließlich Mehrwertsteuer (19 %) 714,00 € berechnet.
Wie hoch ist der Preis ohne Mehrwertsteuer?

Preis mit MwSt. ≙ 119 %

%	Preis (€)

Antwort: ______________________

7 Im Jahr 2015 verbrauchte Familie Wenig 64,6 m³ Wasser. Das sind 5 % weniger als im Jahr zuvor. Wie viel Kubikmeter Wasser hat die Familie 2014 verbraucht?

Wasserverbrauch 2014 ≙ ________ %

Wasserverbrauch 2015 ≙ ________ %

Antwort: ______________________

C Grundaufgaben der Zinsrechnung

1 Trage in der Tabelle die fehlenden Begriffe ein.

Prozentrechnung	Zinsrechnung
Grundwert	
Prozentwert	
Prozentsatz	

Zinsen berechnen

Von ihrem Großvater hat Sophie 5000 € erhalten. Sie legt das Geld zu einem Zinssatz von 1,5 % an. Wie viel Euro Zinsen erhält sie jährlich?

Gegeben: K = 5000 €, p % = 1,5 %
Gesucht: Z

%	€
100	5000
1	$\frac{5000}{100}$
1,5	$\frac{5000 \cdot 1{,}5}{100} = 75$

Sophie erhält jährlich 75 € Zinsen.

Kapital berechnen

Herr Klar hat bei einer Bank einen Sparbrief erworben. Bei einem Zinssatz von 2 % erhält er 80 € Zinsen im Jahr.
Wie hoch ist sein Guthaben?

Gegeben: Z = 80 €, p % = 2 %
Gesucht: K

%	€
2	80
1	$\frac{80}{2}$
100	$\frac{80 \cdot 100}{2} = 4000$

Das Guthaben beträgt 4000 €.

Zinssatz berechnen

Für ihr Sparguthaben von 1500 € erhält Leni 18 € Zinsen jährlich.
Zu welchem Zinssatz hat sie das Guthaben angelegt?

Gegeben: K = 1500 €, Z = 18 €
Gesucht: p %

€	%
1500	100
1	$\frac{100}{1500}$
18	$\frac{18 \cdot 100}{1500} = 1{,}2$

Das Guthaben ist zu einem Zinssatz von 1,2 % angelegt.

2 Fabian legt 500 € zu einem Zinssatz von 0,8 % bei der Bank an.
Wie viel Euro Zinsen erhält er jährlich?

Gegeben: K = 500 €, p % = 0,8 %
Gesucht: Z

%	€
100	500
1	
0,8	

Antwort: ______________________________

____

3 Philipp hat ein Sparguthaben bei der Sparkasse. Bei einem Zinssatz von 0,5 % erhält er 15 € Zinsen jährlich.
Wie hoch ist sein Guthaben?

Gegeben: Z = 15 €, p % = 0,5 %
Gesucht: K

%	€
0,5	15
1	
100	

Antwort: ______________________________

____

4 Sina hat 2500 € gespart. Für ihre Ersparnisse erhält sie 35 € Zinsen im Jahr.
Zu welchem Zinssatz ist das Guthaben angelegt?

Gegeben: K = 2500 €, Z = 35 €
Gesucht: p %

€	%
2500	100
1	
35	

Antwort: ______________________________

____

C Grundaufgaben der Zinsrechnung

Die Grundaufgaben der Zinsrechnung kannst du auch mithilfe von Formeln lösen.

Zinsen berechnen
Gegeben: K = 750 €, p % = 2 %
Gesucht: Z

$Z = \frac{K \cdot p}{100}$

$Z = \frac{750 \cdot 2}{100} = 15$

Z = 15 €
Die Zinsen betragen 15 €.

Kapital berechnen
Gegeben: Z = 18 €, p % = 1,2 %
Gesucht: K

$K = \frac{Z \cdot 100}{p}$

$K = \frac{18 \cdot 100}{1{,}2} = 1500$

K = 1500 €
Das Kapital beträgt 1500 €.

Zinssatz berechnen
Gegeben: Z = 21 €, K = 1400 €
Gesucht: p %

$p\,\% = \frac{Z \cdot 100}{K}\,\%$

$p\,\% = \frac{21 \cdot 100}{1400}\,\% = 1{,}5\,\%$

p % = 1,5 %
Der Zinssatz beträgt 1,5 %.

5 Als Verteilerin eines Anzeigenblatts hat Jana 1200 € verdient. Sie legt das Geld zu einem Zinssatz von 0,5 % an.

Frage: ______

Gegeben: ______

Gesucht: ______

Antwort: ______

6 Tim hat seine Ersparnisse zu einem Zinssatz von 1,4 % bei einer Bank angelegt. Er erhält 28 € Zinsen im Jahr.

Frage: ______

Gegeben: ______

Gesucht: ______

Antwort: ______

7 Zur Konfirmation hat ihr Pate für Simone ein Sparkonto mit 8000 € eingerichtet. Nun erhält sie jedes Jahr 48 € Zinsen.

Frage: ______

Gegeben: ______

Gesucht: ______

Antwort: ______

8 Um ein Haus zu kaufen, hat Herr Haas bei der Bank ein Darlehen von 160 000 € aufgenommen. Er zahlt 5600 € Zinsen im Jahr.

Frage: ______

Gegeben: ______

Gesucht: ______

Antwort: ______

9 Herr Kreß hat seinen Lottogewinn von 150 000 € zu einem Zinssatz von 2,2 % angelegt.

Frage: ______

Gegeben: ______

Gesucht: ______

Antwort: ______

10 Bei einem Zinssatz von 1,6 % erhält Frau Mau für ihr Sparguthaben 480 € Zinsen im Jahr.

Frage: ______

Gegeben: ______

Gesucht: ______

Antwort: ______

Familie Müller kauft eine neue Einbauküche. Dazu nimmt sie einen Kredit von 9600 € auf. Nach einem Jahr zahlt sie 9936 € zurück. Zu welchem Zinssatz wird der Kredit verzinst?

Zinsen: 9936 € – 9600 € = 336 €

Zinssatz: $p\,\% = \frac{Z \cdot 100}{K}\,\%$

$p\,\% = \frac{336 \cdot 100}{9600}\,\% = 3{,}5\,\%$

$p\,\% = 3{,}5\,\%$

Der Zinssatz für den Kredit beträgt 3,5 %.

Herr Vogel kauft ein Wohnmobil für 36 000 €. Über 20 000 € kann er sofort verfügen, über den Rest erst in einem Jahr. Der Händler verlangt eine Restzahlung von 16 500 €. Die Bank bietet einen Kredit zu einem Zinssatz von 3,2 % an.

Angebot des Händlers:	**Angebot der Bank:**
Anzahlung: 20 000 €	Kaufpreis: 36 000 €
Restzahlung: 16 500 €	Zinsen für 16 000 €:
	$Z = \frac{K \cdot p}{100}$
	$Z = \frac{16\,000 \cdot 3{,}2}{100} = 512$
	Z = 512 €
Gesamtkosten:	Gesamtkosten:
20 000 € + 16 500 €	36 000 € + 512 €
= 36 500 €	= 36 512 €

Das Angebot des Händlers ist preisgünstiger.

Familie Stein hat ihre Wohnung renovieren lassen. Um die Rechnung des Malermeisters zu bezahlen, überzieht Herr Stein sein Girokonto für 17 Tage um 1500 €. Seine Bank berechnet dafür 12 % Zinsen.

> Der Zinssatz bezieht sich auf ein ganzes Jahr.

> Für einen Tag bezahlt man $\frac{1}{360}$ der Jahreszinsen.

Zinsen für ein Jahr: $Z = \frac{K \cdot p}{100}$

$Z = \frac{1500 \cdot 12}{100} = 180$

Z = 180 €

Zinsen für einen Tag: $Z = \frac{180}{360}$ € = 0,50 €

Zinsen für 17 Tage: Z = 0,50 € · 17 = 8,50 €

Für die Überziehung des Kontos bezahlt Herr Stein 8,50 € Zinsen.

1 Frau Krins nimmt einen Kredit von 16 500 € auf. Nach einem Jahr zahlt sie 17 094 € zurück. Bestimme den Zinssatz.

Antwort: ______________________

2 Herr Klinger kauft eine Segelyacht für 75 000 €. Über 40 000 € kann er sofort verfügen, über den Rest erst in einem Jahr. Der Schiffshändler verlangt eine Restzahlung von 36 000 €. Die Bank bietet einen Kredit zu einem Zinssatz von 2,9 % an. Welches Angebot ist preisgünstiger?

Antwort: ______________________

3 Um ihre Urlaubsreise zu bezahlen, überzieht Frau Neuenfeld ihr Girokonto für 10 Tage um 960 €. Die Sparkasse berechnet dafür 15 % Zinsen.

Zinsen für ein Jahr: ______________________

____

____

Zinsen für einen Tag: ______________________

Zinsen für ________ Tage: ______________________

Antwort: ______________________

Vom 3. Juli bis zum 23. Juli legt Frau Bos 24 000 € bei einer Direktbank an. Der Zinssatz beträgt 0,9 %. Wie viel Euro Zinsen erhält sie?

Zinsen für ein Jahr: $Z = \frac{K \cdot p}{100}$

$Z = \frac{24\,000 \cdot 0{,}9}{100} = 216$

$Z = 216$ €

Zinsen für einen Tag: $Z = \frac{216}{360}$ € $= 0{,}60$ €

Zinsen für 20 Tage: $Z = 0{,}60$ € $\cdot 20 = 12$ €

Frau Bos erhält 12 € Zinsen.

4 Berechne die Zinsen.

a) Vom 5. Mai bis zum 30. Mai wird ein Guthaben von 21 000 € zu einem Zinssatz von 0,6 % angelegt.

Antwort: ______________________

b) Ein Guthaben von 30 000 € wird vom 8. Juni bis zum 26. Juli zu einem Zinssatz von 0,5 % angelegt.

Antwort: ______________________

5 Im vergangenen Jahr hat Herr Böxkes sein Girokonto vom 11. April bis zum 5. Mai um 3600 € und vom 16. September bis zum 26. Oktober um 1500 € überzogen. Seine Bank berechnet 13,5 % Überziehungszinsen.

Antwort: ______________________

6 Vor zwei Jahren hat Antonia 800 € auf ihr Sparkonto eingezahlt. Nach einem Jahr betrug der Kontostand 804 €, jetzt beträgt er 816,06 €. Bestimme den Zinssatz für das erste (zweite) Jahr.

Antwort: ______________________

7 Frau Akcay legt 3000 € für vier Jahre an.

Sparbrief (ab 2500 €)
Jährliche Auszahlung der Zinsen

	1. Jahr	2. Jahr	3. Jahr	4. Jahr
Zinssatz	0,5 %	0,8 %	1,2 %	2 %

Wie viel Euro Zinsen erhält sie im ersten (zweiten, dritten, vierten) Jahr, wie viel Euro Zinsen insgesamt?

Antwort: ______________________

8 Frau Exner hat für 12 000 € neue Wohnzimmermöbel angeschafft. Wenn sie die Rechnung sofort bar bezahlt, gewährt der Möbelhändler 2 % Skonto. Aber dazu muss sie ihr Girokonto für 45 Tage um 5000 € überziehen. Die Bank berechnet 9,6 % Überziehungszinsen.

Antwort: ______________________

9 Frau Bunse möchte ein Guthaben von 5000 € für ein Jahr anlegen. Sie berechnet für unterschiedliche Zinssätze, wie groß ihr Kapital einschließlich der Zinsen nach einem Jahr ist.

Das Kapital einschließlich Zinsen nach einem Jahr kannst du mithilfe des **Zinsfaktors** berechnen.

Kapital am Anfang des Jahres (K_0): 5000 €
Zinssatz (p %): 1,5 %
Zinsfaktor (q): 100 % + 1,5 %
= 101,5 %
= 1,015
Kapital am Ende des Jahres (K_1): 5000 € · 1,015
= 5075 €

Vervollständige die Tabelle.

Zinssatz (p %)	1 %	2 %
Zinsfaktor (q)		
Kapital am Ende des Jahres (K_1)		

p %	1,8 %	2,2 %	3 %
q			
K_1			

10 a) Frau Albers legt 8000 € für zwei Jahre zu einem Zinssatz von 1,2 % an. Dabei werden die Zinsen des ersten Jahres im zweiten Jahr zusammen mit dem Guthaben verzinst. Diese Zinsen heißen Zinseszinsen.

Zinsfaktor: 1,012

Kapital am Anfang: K_0 = ______ €

Kapital am Ende des ersten Jahres: K_1 = ______ € · 1,012 = ______ €

Kapital am Ende des zweiten Jahres: K_2 = ______ € · ☐ = ______ €

11 Berechne das Kapital nach vier Jahren einschließlich der Zinseszinsen.

a) Frau Gärtner legt 6000 € zu einem Zinssatz von 2 % an.

Zinsfaktor: ☐

K_0 = ______ €

K_1 = ______ € · ☐ = ______ €

K_2 = ______ € · ☐ = ______ €

K_3 = ______ € · ☐ = ______ €

K_4 = ______ € · ☐ = ______ €

Nach vier Jahren beträgt das Kapital ______ €.

b) Herr Kräft legt 15 000 € zu einem Zinssatz von 2,4 % an.

Zinsfaktor: ☐

K_0 = ______ €

K_1 = ______ € · ☐ = ______ €

K_2 = ______ € · ☐ = ______ €

K_3 = ______ € · ☐ = ______ €

K_4 = ______ € · ☐ = ______ €

Nach vier Jahren beträgt das Kapital ______ €.

ELEKTRONIKMARKT WESER

Flachbildfernseher für 1140 €
Anzahlung: 240 €
6 Monatsraten zu je 158 €
oder
12 Monatsraten zu je 82,50 €
Bearbeitungsgebühr: 5 €

Bei Barzahlung 2 % Skonto

1 Um wie viel Prozent liegt jeweils der Ratenzahlungspreis über dem Barzahlungspreis?

Antwort: ______________________________

2 Frau Kruppa kauft das angebotene Ledersofa. Bei Barzahlung gewährt das Möbelhaus 2 % Skonto auf den ermäßigten Preis.

Frau Kruppa zahlt bar und erwirbt das Sofa für 2925,30 €.
Bestimme den ursprünglichen Preis des Sofas.

Antwort: ______________________________

3 a) Aus 5 l Fruchtsaft mit einem Zuckergehalt von 6 % und 3 l Fruchtsaft mit einem Zuckergehalt von 12 % wird eine neue Fruchtsaftmischung hergestellt. Wie groß ist der Zuckergehalt (in Prozent) der neuen Mischung?

Antwort: ______________________________

____

b) Messing ist eine Legierung aus Kupfer und Zink. 56,667 kg Messing mit einem Kupfergehalt von 85 % sollen zusammen mit 43,333 kg Messing mit einem Kupfergehalt von 55 % eingeschmolzen werden. Wie viel Prozent Kupfer enthält die neue Legierung?

Antwort: ______________________________

____

c) 4,5 l eines 96-prozentigen Alkohols werden mit 25,5 l eines 36-prozentigen Alkohols gemischt. Wie viel Prozent Alkohol enthält die Mischung?

Antwort: ______________________________

____

4 Frau Mai legt 10 000 € zu einem Zinssatz von 2 % für fünf Jahre an. Berechne ihr Kapital einschließlich Zinsen und Zinseszinsen nach fünf Jahren.

Antwort: ______________________

5 Herr Bolten legt 14 000 € zu einem Zinssatz von 2,5 % an.

a) Nach wie vielen Jahren ist sein Kapital auf 22 940,63 € angewachsen?

Antwort: ______________________

b) Nach wie vielen Jahren hat sich sein Kapital verdoppelt?

Antwort: ______________________

6 a) Frau Weindorf legt 3000 € zu einem Zinssatz von 1,5 % (2,5 %) für vier Jahre an. Wie viel Euro Zinsen erhält sie?

Antwort: ______________________

b) Auch Herr Heinen hat 3000 € für vier Jahre angelegt. Am Ende der Laufzeit beträgt sein Kapital 3260,05 €. Bestimme den Zinssatz.

Antwort: ______________________

Dispobank
Mitteilung für unsere Kunden
Ab 1.1.2015 berechnen wir für die Überziehung Ihres Girokontos einen Zinssatz von **9,6 %**.

7 a) Herr Beyer hat für 15 Tage sein Konto bei der Dispobank um 900 € überzogen.
Wie viel Euro Zinsen hat er bezahlt?

Antwort: ______________________

b) Frau Stelter hat ihr Girokonto auch bei der Dispobank. Für eine Kontoüberziehung von 15 Tagen bezahlt sie 7,20 € Zinsen.
Um welchen Betrag hat sie ihr Konto überzogen?

Antwort: ______________________

c) Herrn Becker berechnete die Dispobank 7,20 € Zinsen, als er sein Konto für fünf Tage überzogen hatte. Bestimme den Überziehungsbetrag.

Antwort: ______________________

d) Frau Schnock überzieht ihr Girokonto bei der Dispobank um 300 €. Die Zinsen betragen 3,60 €.
Für wie viele Tage hat sie ihr Konto überzogen?

Antwort: ______________________

8 Die Oberfläche des abgebildeten Holzquaders ist rot angestrichen. Sarah zersägt den Quader wie abgebildet in vier Teilquader.
Wie viel Prozent der Oberfläche des Teilquaders A (B, C, D) ist rot angestrichen?

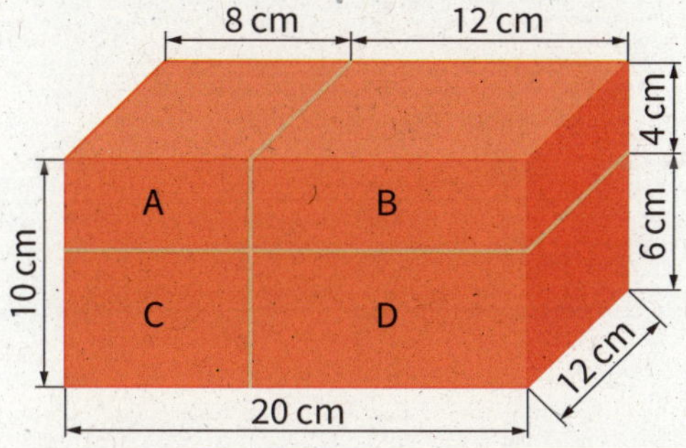

9 An jeder Ecke des abgebildeten Quaders sind drei Quadrate mit der Seitenlänge 3 cm rot gefärbt.
Wie viel Prozent der Oberfläche des Quaders sind rot gefärbt?

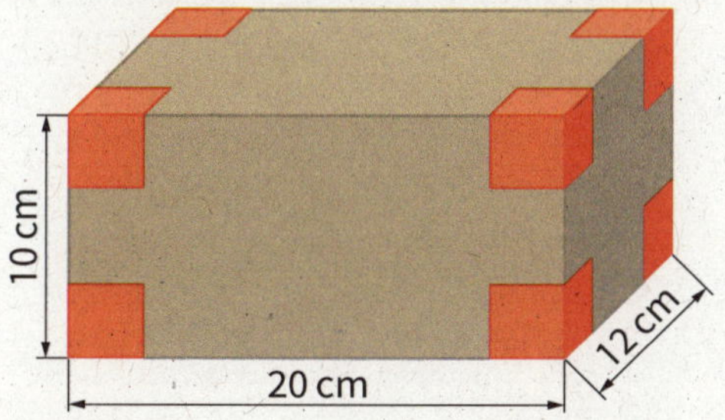

10 Die Klasse 8a hat 27 Schülerinnen und Schüler. Bei einer Abstimmung über das Ziel des nächsten Wandertages haben sich 68 % von ihnen für den Besuch eines Spaßbades entschieden. Allerdings haben nicht alle Schülerinnen und Schüler an der Abstimmung teilgenommen.
Wie viele Schülerinnen und Schüler haben abgestimmt? Wie viele von ihnen haben sich für das Spaßbad entschieden?

11 Das arithmetische Mittel von zwei natürlichen beträgt 88. Es ist um 20 % kleiner als die größere der beiden Zahlen.
Um wie viel Prozent ist das arithmetische Mittel größer als die kleinere der beiden Zahlen?

12 Tim fährt mit dem Fahrrad zur Schule. Für die fünf Kilometer lange Strecke benötigt er normalerweise 30 Minuten.
Heute ist er zu spät aufgestanden. Deshalb erhöht er seine Geschwindigkeit um 25 %. Nach wie viel Minuten erreicht er die Schule?

Zu Seite 5

1 a) $2x+3=7$ b) $3x+2=8$
c) $2x+5=x+6$ d) $3x+3=2x+4$
e) $3x+1=2x+4$ f) $5x+2=3x+4$
g) $5x+3=2x+6$

2

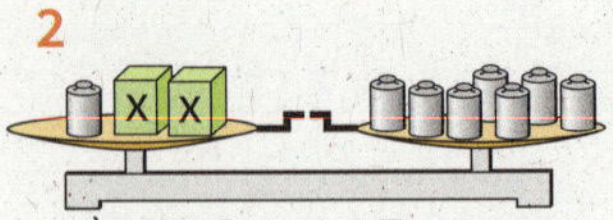

a) $2x+1=7$

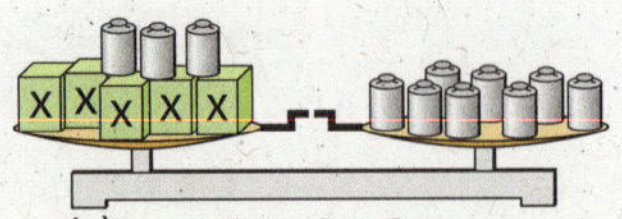

b) $5x+3=8$

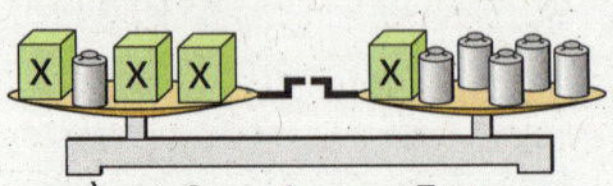

c) $3x+1=x+5$

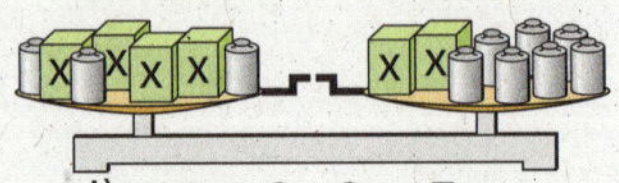

d) $4x+3=2x+7$

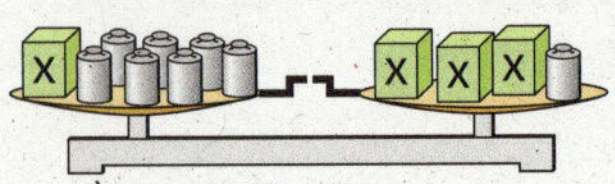

e) $x+7=3x+1$

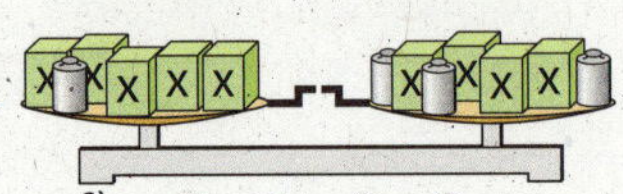

f) $5x+1=4x+3$

Zu Seite 6

3 A: 3 B: 2 C: 1 D: 4

4 a) $11x+16=60$ b) $11x+18=2x$ c) $8x=3x+5$
d) $9x-14=40$ e) $8x+16=5x$

5 Gleichung: $0{,}9+0{,}5x \triangleq 3{,}4$
$x=5$

Zu Seite 7

1 a) $$\begin{aligned} 2x+3 &= 7 && |-3\\ 2x &= 4 && |:2\\ x &= 2 \end{aligned}$$
b) $$\begin{aligned} 3x+1 &= 7 && |-1\\ 3x &= 6 && |:3\\ x &= 2 \end{aligned}$$
c) $$\begin{aligned} 4x+1 &= 5 && |-1\\ 4x &= 4 && |:4\\ x &= 1 \end{aligned}$$

2 a) $$\begin{aligned} 11x+9 &= 20 && |-9\\ 11x &= 11 && |:11\\ x &= 1 \end{aligned}$$
b) $$\begin{aligned} 9x+20 &= 56 && |-20\\ 9x &= 36 && |:9\\ x &= 4 \end{aligned}$$
c) $$\begin{aligned} 5x+11 &= 46 && |-11\\ 5x &= 35 && |:5\\ x &= 7 \end{aligned}$$
d) $$\begin{aligned} 7x-5 &= 16 && |+5\\ 7x &= 21 && |:7\\ x &= 3 \end{aligned}$$
e) $$\begin{aligned} 11x-3 &= 41 && |+3\\ 11x &= 44 && |:11\\ x &= 4 \end{aligned}$$
f) $$\begin{aligned} 7x-12 &= 65 && |+12\\ 7x &= 77 && |:7\\ x &= 11 \end{aligned}$$

Zu Seite 8

3 a) $$\begin{aligned} 3x+1 &= x+7 && |-x\\ 2x+1 &= 7 && |-1\\ 2x &= 6 && |:2\\ x &= 3 \end{aligned}$$
b) $$\begin{aligned} 4x+3 &= x+9 && |-x\\ 3x+3 &= 9 && |-3\\ 3x &= 6 && |:3\\ x &= 2 \end{aligned}$$
c) $$\begin{aligned} 6x+1 &= 2x+5 && |-2x\\ 4x+1 &= 5 && |-1\\ 4x &= 4 && |:4\\ x &= 1 \end{aligned}$$

4 a) $$\begin{aligned} 11x+1 &= 3x+25 && |-3x\\ 8x+1 &= 25 && |-1\\ 8x &= 24 && |:8\\ x &= 3 \end{aligned}$$
b) $$\begin{aligned} 9x-10 &= 4x+5 && |-4x\\ 5x-10 &= 5 && |+10\\ 5x &= 15 && |:5\\ x &= 3 \end{aligned}$$
c) $$\begin{aligned} 8x+11 &= 5x-7 && |-5x\\ 3x+11 &= -7 && |-11\\ 3x &= -18 && |:3\\ x &= -6 \end{aligned}$$

Zu Seite 9

5 a) $$\begin{aligned} 7x+13 &= 48 && |-13\\ 7x &= 35 && |:7\\ x &= 5 \end{aligned}$$
b) $$\begin{aligned} 3x-12 &= 33 && |+12\\ 3x &= 45 && |:3\\ x &= 15 \end{aligned}$$
c) $$\begin{aligned} 11x+42 &= 97 && |-42\\ 11x &= 55 && |:11\\ x &= 5 \end{aligned}$$

6 a) $x=4$ b) $x=3$ c) $x=3$ d) $x=4$
e) $x=5$ f) $x=3$

7 a) $x=5$ b) $x=11$

8 a) $+22$ statt -22 b) $+15$ statt -15 c) $x=1$ statt $x=0$

Zu Seite 10

9 a) $$\begin{aligned} 5x-12 &= 2x+21 && |-2x\\ 3x-12 &= 21 && |+12\\ 3x &= 33 && |:3\\ x &= 11 \end{aligned}$$
b) $$\begin{aligned} 9x+23 &= 4x+38 && |-4x\\ 5x+23 &= 38 && |-23\\ 5x &= 15 && |:5\\ x &= 3 \end{aligned}$$

10 a) $x=10$ b) $x=1$ c) $x=-7$ d) $x=7$
e) $x=-2$ f) $x=2$

11 a) $x=4$ b) $x=-2$

12 a) $x=6$ statt $x=7$ b) $2x+13$ statt $2x-13$
c) $13x$ statt $11x$

Zu Seite 11

1 a) $$\begin{aligned} 7(x+3) &= 49\\ 7x+21 &= 49 && |-21\\ 7x &= 28 && |:7\\ x &= 4 \end{aligned}$$
b) $$\begin{aligned} 9(x-2) &= 63\\ 9x-18 &= 63 && |+18\\ 9x &= 81 && |:9\\ x &= 9 \end{aligned}$$
c) $$\begin{aligned} 5(3x-4) &= 40\\ 15x-20 &= 40 && |+20\\ 15x &= 60 && |:15\\ x &= 4 \end{aligned}$$

2 a) $x=4$ b) $x=32$ c) $x=7$ d) $x=16$
e) $x=2$ f) $x=8$ g) $x=22$ h) $x=3$
i) $x=4$

3 a) $4x-32$ statt $4x-8$ b) 63 statt 35
c) $15x-6$ statt $5x-6$

Lösungen

Zu Seite 12

4 a) $x = 1$ b) $x = 1$ c) $x = 4$ d) $x = 8$
e) $x = 1$ f) $x = 11$ g) $x = 11$ h) $x = 10$

5 a) $4x - 32$ statt $4x - 8$ b) $+12$ statt -12
c) $5x + 10 - 12x + 3$ statt $5x - 10 - 4x + 3$

Zu Seite 13

6 a) $x = 1$ b) $x = 10$ c) $x = 3$

7 a) $x = 2$ b) $x = -10$ c) $x = 5$

Zu Seite 14

1 Länge der Grundseite: 8 cm
Länge des Schenkels: 13 cm

2 Eintrittspreis Fr. Müller (€): 6
Eintrittspreis Kind (€): 3,50
Anzahl Kinder: x
Gleichung: $6 + 3{,}50x = 20$
Anzahl der Kinder: 4

3 Die gesuchte Zahl: x
multipliziert mit 12: $12x$
14 subtrahiert: $12x - 14$
Gleichung: $12x - 14 = 70$
gesuchte Zahl: 7

Zu Seite 15

4 Gleichung: $11x - 18 = 8x$
Die gesuchte Zahl heißt 6.

5 Gleichung: $9x + 3x = 2x + 50$
Die gesuchte Zahl heißt 5.

6 Gleichung: $12x - 18 = 8x + 14$
Die gesuchte Zahl heißt 8.

7 Gleichung: $9(x + 5) = 108$
Die gesuchte Zahl heißt 7.

8 Gleichung: $2{,}1 + 1{,}5x = 6{,}6$
Aynur hat 3 Pinsel gekauft.

9 Gleichung: $12x + 80 = 152$
Tim hat 6 Monate gespart.

10 Gleichung: $x + x + 8 = 30$
Mia ist 11 Jahre alt, ihr Bruder ist 19 Jahre alt.

Zu Seite 16

11 Gleichung: $x + x - 6 + x + 4 = 67$
$\overline{AB} = 23$ cm, $\overline{BC} = 17$ cm, $\overline{AC} = 27$ cm

12 Gleichung: $x + x - 15 + x + 18 = 180$
$\alpha = 59°$, $\beta = 44°$, $\gamma = 77°$

13 Gleichung: $x + 3x + 4x + 2x = 20$
$\overline{AB} = 2$ cm, $\overline{BC} = 6$ cm, $\overline{CD} = 8$ cm, $\overline{DA} = 4$ cm

14 Gleichung: $x + x + x + 10 + 2x = 360$
$\alpha = 70°$, $\beta = 70°$, $\gamma = 80°$, $\delta = 140°$

15 Gleichung: $(x - 11)x + 30 = (x - 11)(x + 5)$
Längere Seite: 17 cm, kürzere Seite: 6 cm

16 Gleichung: $(x + 8)x - 30 = (x + 8)(x - 3)$
Längere Seite: 10 cm, kürzere Seite: 2 cm

Zu Seite 17

1 a) $x = -3$ b) $x = -10$ c) $x = -63$ d) $x = 2$

2 a) $x = 3$ cm b) $x = 5$ cm

Zu Seite 18

3 a)
$$\begin{aligned} 10x - 9 &= 2x + 7 && \mid -2x \\ 8x - 9 &= 7 && \mid +9 \\ 8x &= 16 && \mid :8 \\ x &= 2 \end{aligned}$$

b)
$$\begin{aligned} 9x - 24 &= 5x + 10 && \mid -5x \\ 4x - 24 &= 10 && \mid +24 \\ 4x &= 34 && \mid :4 \\ x &= 8{,}5 \end{aligned}$$

c)
$$\begin{aligned} 8x - 2 &= 3x + 6 && \mid -3x \\ 5x - 2 &= 8 && \mid +2 \\ 5x &= 10 && \mid :5 \\ x &= 2 \end{aligned}$$

4 a) $x = 7$ b) $x = 7$ c) $x = 2$ d) $x = 1$

5 a)

60
8x + 14 | 6x + 4
4x + 10 | 4x + 4 | 2x
3x + 4 | x + 6 | 3x − 2 | −x + 2
4x − 1 | 5 − x | 2x + 1 | x − 3 | 5 − 2x

$14x + 18 = 60$
$x = 3$

b)

75
18x + 3 | 11x + 14
8x − 2 | 10x + 5 | x + 9
x − 1 | 7x − 1 | 3x + 6 | −2x + 3
11 − 2x | 3x − 12 | 4x + 11 | −5 − x | 8 − x

$29x + 17 = 75$
$x = 2$

Zu Seite 19

6 a) $x = 1$ b) $x = 3$ c) $x = 8$ d) $x = 3$

7 $x = 14$

11x + 8
6x + 2 | 5x + 6
3x − 1 | 3x + 3 | 2x + 3
x − 2 | 2x + 1 | x + 2 | x + 1

8 Nach acht Wochen haben beide Pflanzen dieselbe Höhe.

9 a) Nach acht Stunden sind die Kerzen gleich hoch.
b) Nach zehn Stunden sind beide Kerzen komplett heruntergebrannt.

Zu Seite 23

1

	I	II	III	IV	V	VI
Figur	Rechteck	Rechteck	Quadrat	Quadrat	Quadrat	Rechteck
Flächeninhalt	12 cm²	15 cm²	9 cm²	16 cm²	6,25 cm²	15 cm²

Zu Seite 24

2 a) Grundseite: 3 cm
Höhe: 4 cm
A = 12 cm²

b) Grundseite: 5 cm und 3 cm
Höhe: 3 cm
A = 12 cm²

c) Grundseite: 5 cm
Höhe: 3 cm
A = 7,5 cm²

Zu Seite 25

3 a) A = 48 cm² b) A = 135 cm² c) A = 30 cm²

4

Figur	I	II	III
Viereck	Trapez	Parallelogramm	Trapez
Flächeninhalt (cm²)	9	12	8

Figur	IV	V	VI
Viereck	Dreieck	Dreieck	Parallelogramm
Flächeninhalt (cm²)	8	8	8

Zu Seite 26

1 Teilfläche I: Rechteck
Länge: 10 m
Breite: 8 m

Teilfläche II: Rechteck
Länge: 13 m
Breite: 17 m

A = 10 · 8 + 13 · 17 Der Flächeninhalt beträgt 301 m².

2 a) A = 756 m² b) A = 279 m²

3 a) Teilfläche I: Rechteck
Länge: 15 m
Breite: 8 m

Teilfläche II: Trapez
Grundseiten: 10 m, 15 m
Höhe: 7 m

A = 120 + 87,5 Der Flächeninhalt beträgt 207,5 m².

b) A = 637 m²

Zu Seite 27

4 Teilfläche I: Dreieck
Grundseite: 8 m
Höhe: 16 m

Teilfläche II: Trapez
Grundseiten: 28 m, 16 m
Höhe: 16 m

A = 64 + 352 Der Flächeninhalt beträgt 416 m².

5 a) A = 336 m² b) A = 112,5 m² c) A = 71,28 m²

Zu Seite 28

6

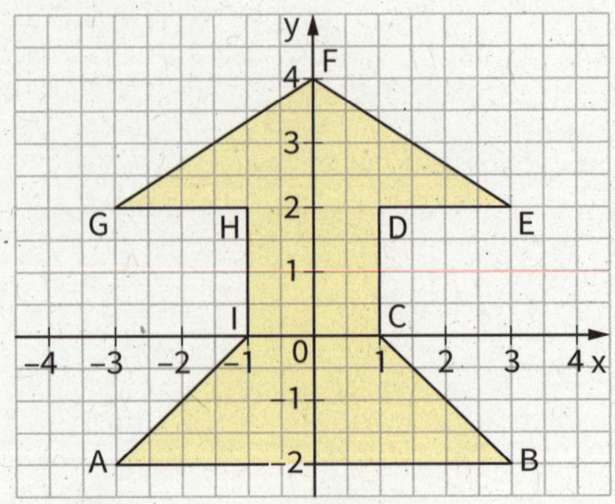

A = 18 cm²

7 A = 40,5 cm²

Zu Seite 29

1 G = 24 cm² M = 220 cm² O = 268 cm²

2 G = 6 cm² M = 72 cm² O = 84 cm²

3 G = 12 cm² M = 170 cm² O = 194 cm²

Zu Seite 30

1 G = 96 cm² h_k = 20 cm V = 1920 cm³

2 G = 108 cm² h_k = 12 cm V = 1296 cm³

3 a) G = 1728 m² h_k = 64 m V = 110 592 m³
b) G = 135 cm² h_k = 9 cm V = 1215 cm³
c) G = 2100 cm² h_k = 120 cm V = 252 000 cm³

Zu Seite 31

1 a) G = 486 cm² M = 4320 cm² O = 5292 cm²
b) G = 150 cm² M = 2100 cm² O = 2400 cm²

2 G = 75 m² h_k = 12 m V = 900 m³

Zu Seite 32

3 a) O = 6330 cm² V = 0,0322 m³
b) O = 8928 cm² V = 0,0432 m³

4 G = 3 cm² h_k = 5 cm O = 51 cm² V = 15 cm³

Zu Seite 33

1 Kosten für die Wärmedämmung: 2494,80 €
Fläche der Giebelwand: 22,68 m²

2 Es wurden 100 € pro Kubikmeter Dachraum bezahlt.

Zu Seite 34

3 Länge der Grundseite: 50 mm (500 m reale Länge)
Länge der Höhe: 30 mm (300 m reale Länge)
Anzahl Pflanzen in der Waldfläche: 120 000

4 Volumen des Gebäudes: 2041,20 m^3
Baukosten: 571 536,00 €

5 Abgebildete Fläche: 1056 m^2
Kosten: 50 688,00 €

Zu Seite 35

6 Volumen des Stahlstabes: 288 cm^3
Masse des Stahlstabes: 2,26 kg

7 Oberfläche des Metallkörpers: 2980 m^2
Menge an benötigter Farbe: 298 Liter

8 Volumen des Aluminiumbleches: 3500 cm^3
Masse des Aluminiumbleches: 9,45 kg

Zu Seite 36

1 a) $A = 207\ m^2$ b) $A = 936\ m^2$

2 $A \approx 15{,}2\ cm^2$

3 a) $V = 1125\ cm^3$ $m = 8775\ g$
b) $V = 360\ cm^3$ $m = 2808\ g$

Zu Seite 37

4 Amrum, geschätzter Flächeninhalt: 20 km^2, exakter Flächeninhalt: 20,46 km^2; Abweichung: ca. 2,5 %

5 Anteil des Parallelogramms an der Rechtecksfläche:
$\frac{5}{9}$ bzw. 55,5 %

6 96 cm^2 (Der Oberflächeninhalt bleibt gleich, wenn Quader herausgeschnitten werden.)

Zu Seite 41

1 a)–c)

Ergebnis	absolute Häufigkeit	relative Häufigkeit		
		Bruch	Dezimalzahl	Prozent
1	4	$\frac{4}{25}$	0,16	16 %
2	9	$\frac{9}{25}$	0,36	36 %
3	6	$\frac{6}{25}$	0,24	24 %
4	4	$\frac{4}{25}$	0,16	16 %
5	2	$\frac{2}{25}$	0,08	8 %
Summe	25	1	1	100 %

d)

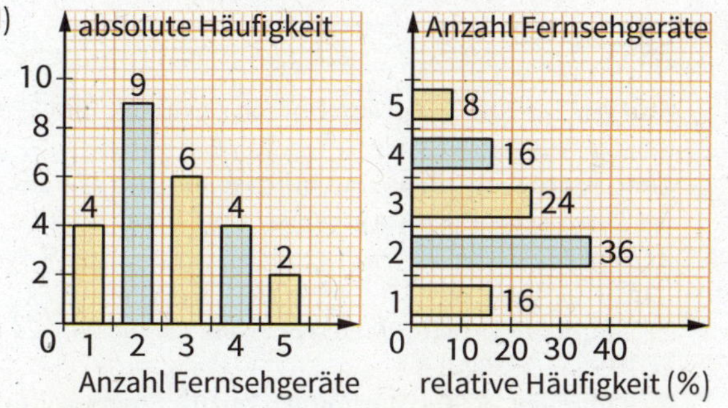

e)

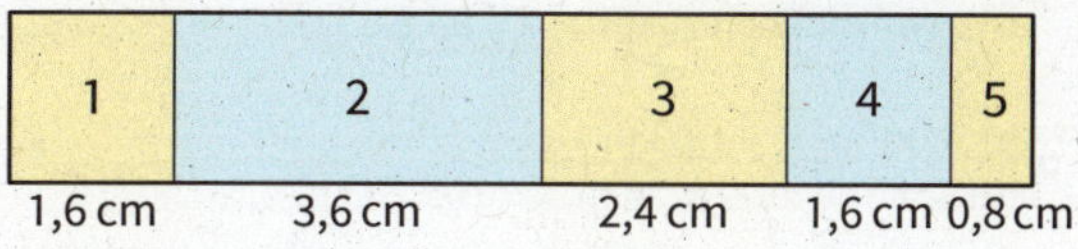

Zu Seite 42

2

Ergebnis	absolute Häufigkeit	relative Häufigkeit	Kreisausschnitt
M	10	$\frac{10}{40} = 0{,}25$	90°
E	6	$\frac{6}{40} = 0{,}15$	54°
D	4	$\frac{4}{40} = 0{,}1$	36°
Bi	2	$\frac{2}{40} = 0{,}05$	18°
Sp	10	$\frac{10}{40} = 0{,}25$	90°
Ku	8	$\frac{8}{40} = 0{,}2$	72°
Summe	40	1	360°

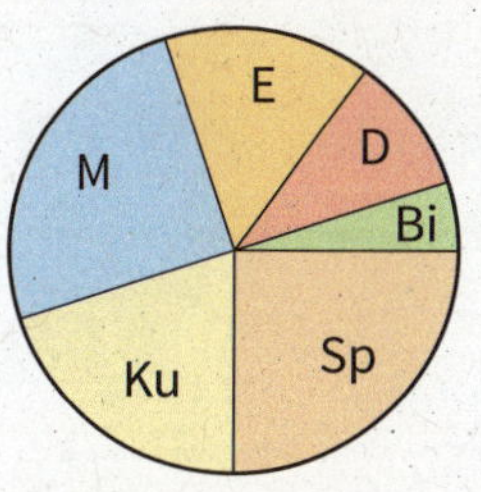

3

Ergebnis	absolute Häufigkeit	relative Häufigkeit	Kreisausschnitt
Spanien	50	0,25 = 25 %	90°
Italien	30	0,15 = 15 %	54°
Österreich	40	0,2 = 20 %	72°
Deutschland	60	0,3 = 30 %	108°
Niederlande	20	0,1 = 10 %	36°
Summe	200	1 = 100 %	360°

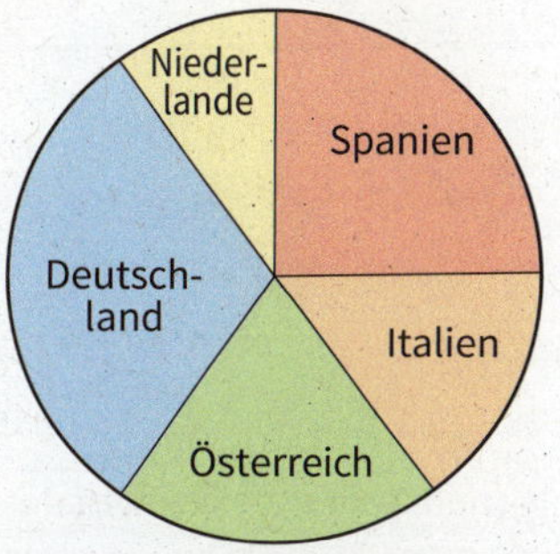

Länge des Streifendiagramms: 15 cm
Spanien: 3,75 cm; Italien: 2,25 cm; Österreich: 3 cm; Deutschland: 4,5 cm; Niederlande: 1,5 cm

Zu Seite 43

1 Lisa gibt ihr 1,60 € und von Doreen bekommt Kira 31 €.

2 Timo, Marc und Tobias sind durchschnittlich 171 cm groß. Die Durchschnittsgröße von Eva, Tina, Sarah und Efsun beträgt 171,75 cm.

3 a) geordnete Urliste: 28,90; 76,30; 88,50; 108,00; 124,30
b) Median $\tilde{x}$: 88,50 €
c) Minimum: 28,90 €; Maximum: 124,30 €; Spannweite: 95,40 €
d) arithmetisches Mittel $\bar{x}$ = 85,2 €

4 a) Median $\tilde{x}$: = 1,63 m
b) Spannweite: 0,24 m, $\bar{x}$ = 161,29 cm

Zu Seite 44

5 a) Tanja: $\bar{x}$ = 30 m, $\tilde{x}$ = 39 m, Spannweite 8 m
Sara: $\bar{x} = 29\frac{7}{12}$ m, $\tilde{x}$ = 33,5 m, Spannweite 23 m
b) Sara wirft weiter, aber Tanja kontinuierlich.

6

Anzahl der Mobiltelefone	absolute Häufigkeit	Produkt
1	5	5
2	11	22
3	14	42
4	10	40
5	7	35
6	3	18
Summe	50	162

$\bar{x}$ = 3,24, $\tilde{x}$ = 3, Spannweite 5

Zu Seite 45

1 a) S = {1, 2, 3, 4, 5, 6, 7, 8, 9, 10}
b) erwartete absolute Häufigkeit: 10
relative Häufigkeit: $\frac{1}{10}$
c) erwartete absolute Häufigkeit: 100
relative Häufigkeit: $\frac{1}{10}$

2 a) S = {grün, gelb, weiß, rot, blau}
b) erwartete absolute Häufigkeit: 60
erwartete relative Häufigkeit: $\frac{1}{5}$
c) erwartete absolute Häufigkeit: 800
erwartete relative Häufigkeit: $\frac{1}{5}$

3 a) $P = \frac{1}{29}$ b) $P = \frac{1}{52}$ c) $P = \frac{1}{4}$ d) $P = \frac{1}{250}$

Zu Seite 46

4 S = {rot, grün, blau, gelb}
$P(\text{rot}) = \frac{4}{18}$ $P(\text{grün}) = \frac{5}{18}$
$P(\text{blau}) = \frac{6}{18}$ $P(\text{gelb}) = \frac{3}{18}$

5 S = {Kleingewinn, Freilose, Nieten, Hauptgewinn}
Anzahl aller Lose: 500
$P(\text{Hauptg.}) = \frac{1}{500}$ $P(\text{Kleing.}) = \frac{19}{500}$
$P(\text{Freilos}) = \frac{307}{500}$ $P(\text{Niete}) = \frac{450}{500}$

6 Anzahl der Karten: 36
$P(\text{d. Auto}) = \frac{12}{36}$ $P(\text{jap. Auto}) = \frac{9}{36}$
$P(\text{f. Auto}) = \frac{8}{36}$ $P(\text{it. Auto}) = \frac{7}{36}$

7 Summe: 1000
$P(\text{nie}) = \frac{410}{1000}$ $P(\text{einmal pro M.}) = \frac{250}{1000}$
$P(\text{einmal p. W.}) = \frac{160}{1000}$ $P(\text{täglich}) = \frac{180}{1000}$

Zu Seite 47

8 a) Anzahl der Lose mit einem Gewinn: 20
Anzahl der Lose mit einem Kleingewinn: 75
b) Anzahl der Freilose: 125
Anzahl der Nieten: 278

9 a) Ich teile den Kreis in 12 Kreisausschnitte (jeweils 30°) ein, da es das kleinste gemeinsame Vielfache von 3, 4 und 6 ist.
b) Kreuz: 3, Pik: 3, Herz: 2, Karo: 4

10 $P(\text{Blutgruppe AB}) = \frac{15}{250} = \frac{3}{50}$
$P(\text{Blutgruppe AB}) < P(\text{Blutgruppe B})$
$P(\text{Blutgruppe B}) = \frac{21}{150} = \frac{7}{50}$
$P(\text{Rot-Grün-Farbsehschwäche Männer}) = \frac{18}{200}$
$P(\text{R-G-F Männer}) > P(\text{R-G-F Frauen})$
$P(\text{Rot-Grün-Farbsehschwäche Frauen}) = \frac{16}{1500}$
$P(\text{Übergewicht Männer}) = \frac{150}{200} = \frac{75}{100}$
$P(\text{Ü Männer}) > P(\text{Ü Frauen})$
$P(\text{Übergewicht Frauen}) = \frac{236}{400} = \frac{59}{100}$

Zu Seite 48

1 E_1 = {9, 10, 11, 12, 13, 14, 15} $P(E_1) = \frac{7}{15}$
E_2 = {8, 9, 10, 11, 12} $P(E_2) = \frac{5}{15}$
E_3 = {2, 4, 6, 8, 10, 12, 14} $P(E_3) = \frac{7}{15}$
E_4 = {3, 6, 9, 12, 15} $P(E_4) = \frac{5}{15}$
E_5 = {9} $P(E_5) = \frac{1}{15}$
E_6 = {1, 2, 3, 4, 5, 6, 7, 8, 9, 10, 11, 12, 13, 14, 15} $P(E_6) = 1$

2 E_1 = {088, 256, 469} $P(E_1) = \frac{3}{500}$
E_2 = {088, 256, 469, 123, 432, 321, 007, 208, 355} $P(E_2) = \frac{9}{500}$
$P(E_3) = \frac{49}{500}$
$P(E_4) = \frac{442}{500}$

3 E = {Karo-Dame, Herz-Dame, Pik-Dame, Kreuz-Dame}
Anzahl der zu E gehörigen Ergebnisse: 4
Anzahl aller Ergebnisse: 32 $P(E) = \frac{4}{32}$

Zu Seite 49

4 $P(1) = \frac{3}{18}$ $P(2) = \frac{4}{18}$ $P(3) = \frac{5}{18}$ $P(4) = \frac{6}{18}$
E_1 = {3, 4} $P(E_1) = \frac{11}{18}$
E_2 = {1, 2, 3} $P(E_2) = \frac{12}{18}$
E_3 = {1, 3} $P(E_3) = \frac{8}{18}$

5 $P(0) = \frac{18}{1000}$ $P(1) = \frac{176}{1000}$ $P(2) = \frac{386}{1000}$

$P(3) = \frac{254}{1000}$ $P(4) = \frac{112}{1000}$ $P(5 \text{ und mehr}) = \frac{54}{1000}$

$E_1 = \{0, 1, 2\}$ $P(E_1) = P(0) + P(1) + P(2) = \frac{580}{1000}$

$E_2 = \{4, 5 \text{ und mehr}\}$ $P(E_2) = P(4) + P(5 \text{ und mehr}) = \frac{243}{1000}$

$E_3 = \{2, 3, 4\}$ $P(E_3) = P(2) + P(3) + P(4) = \frac{752}{1000}$

Zu Seite 50

6 E_2: Die gezogene Zahl ist kleiner als 20 und größer als 9.
E_3: Die gezogene Zahl ist durch 5 teilbar.
E_4: Die gezogene Zahl ist eine Primzahl.
E_5: Die gezogene Zahl ist größer als 30.
E_6: Die gezogene Zahl ist höchstens 30.
E_7: Die gezogene Zahl ist 19.

7 $P(E_1) = 3 + 8 + 10 + 15 = 36\,\%$
$P(E_2) = 15 + 25 + 15 + 12 + 6 + 4 + 1 = 78\,\%$
$P(E_3) = 15 + 25 + 15 = 55\,\%$

Zu Seite 51

1 a) Die meisten Kinder sind zwischen 155 cm und 175 cm groß.

b)

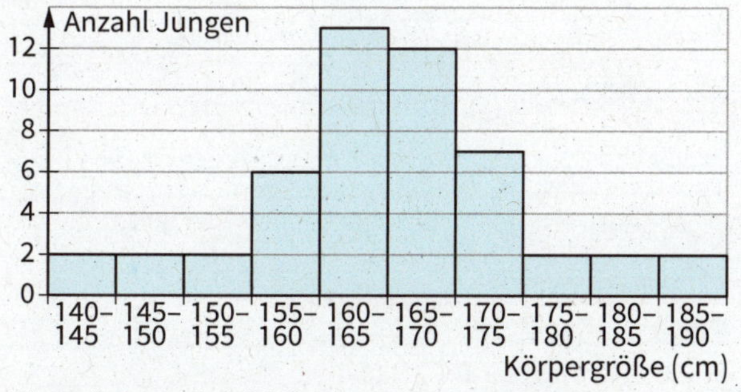

c) Alle Balken sind gleich hoch. Das Diagramm wird übersichtlicher, aber ungenauer.

d) Schätzwert: 165,4 arithmetisches Mittel: 164,8 cm

2 Median: 11, arithmetisches Mittel: 12,5
Sie sollten den Median benutzen. Die durchschnittliche Entfernung zwischen den Bauernhöfen und der Station beträgt dann ca. 4,83 km. Beim arithmetischen Mittel würde sie 5 km betragen.

Zu Seite 52

3 a)

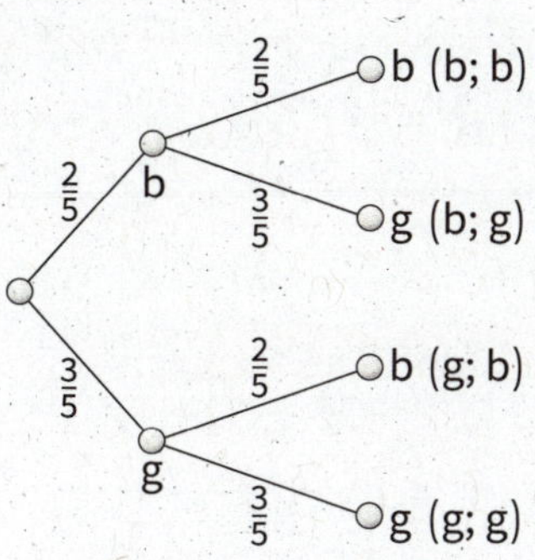

b) S = {bb, bg, gb, gg}

c) $P(b, g) = \frac{6}{25} = 24\,\%$

$P(g, b) = \frac{6}{25} = 24\,\%$

$P(g, g) = \frac{9}{25} = 36\,\%$

4

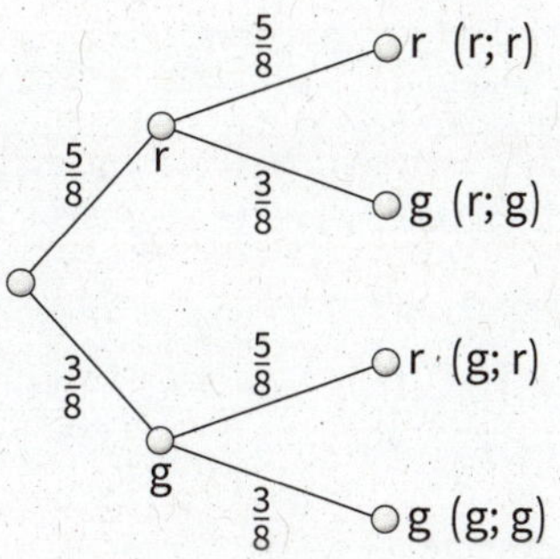

a) S = {rr, rg, gr, gg}

b) $P(r, r) = \frac{25}{64} \approx 39\,\%$

$P(r, g) = \frac{15}{64} \approx 23{,}4\,\%$

$P(g, r) = \frac{15}{64} \approx 14{,}1\,\%$

Zu Seite 53

5 a)

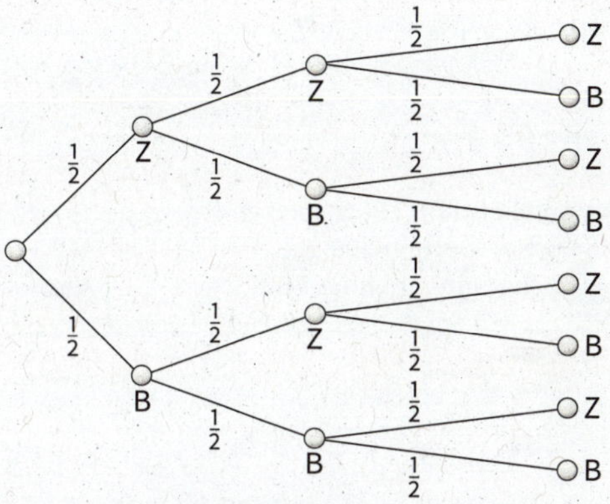

a) S = {ZZZ, ZZB, ZBZ, ZBB, BZZ, BZB, BBZ, BBB}

b) $P = \frac{1}{8}$ (für alle Ergebnisse)

c) $P(E_1) = \frac{3}{8}$ $P(E_2) = \frac{3}{8}$

6 a) Mit Zurücklegen:

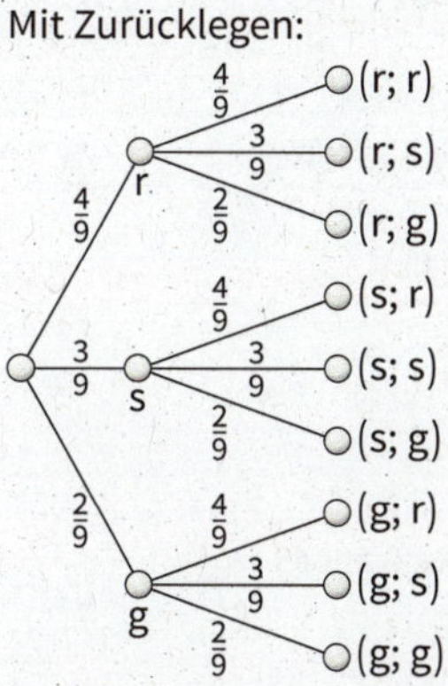

Ohne Zurücklegen:

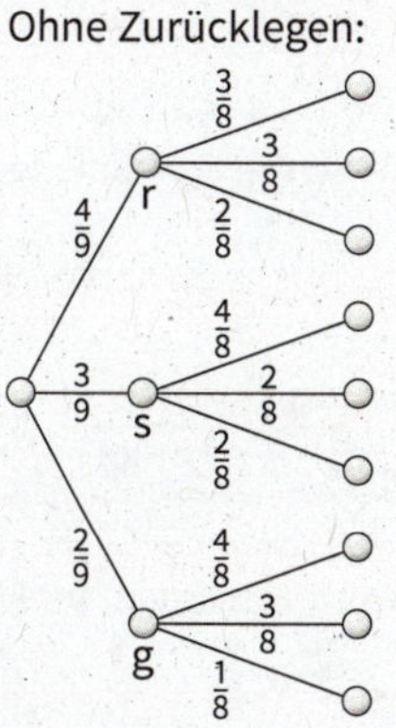

S = {rr, rs, rg, sr, ss, sg, gr, gs, gg}

b) Mit Zurücklegen:

$P(rr) = \frac{16}{81}$ $P(rs, sr) = \frac{12}{81}$ $P(rg, gr) = \frac{8}{81}$

$P(ss) = \frac{9}{81}$ $P(sg, gs) = \frac{6}{81}$ $P(gg) = \frac{4}{81}$

Ohne Zurücklegen:

$P(rr) = \frac{12}{72}$ $P(rs, sr) = \frac{12}{72}$ $P(rg, gr) = \frac{8}{72}$

$P(ss) = \frac{6}{72}$ $P(sg, gs) = \frac{6}{72}$ $P(gg) = \frac{2}{72}$

Lösungen

Zu Seite 57

1

	Grundwert G	Prozentwert W	Prozentsatz p%
a)	250 g	137,5 g	55 %
b)	420 €	12,60 €	3 %
c)	600	96	16 %
d)	20	12	60 %
e)	1400	560	40 %

2 a) Gegeben: G, p% Gesucht: W
b) Gegeben: G, W Gesucht: p%
c) Gegeben: W, p% Gesucht: G
d) Gegeben: G, W Gesucht: p%
e) Gegeben: W, p% Gesucht: G
f) Gegeben: G, p% Gesucht: W

Zu Seite 58

3 a) Der Apfel enthält 136 g Wasser.
b) Die Portion beträgt 200 g.
c) Der Zuckeranteil beträgt 76 %.

4

%	Masse (g)
100	250
3	7,5

Antwort: Die Spaghetti enthalten 7,5 g Fett.

5 Gegeben: p % = 55 %, W = 82,5 g
Gesucht: G

%	Masse (g)
55	82,5
100	150

Antwort: Die Schokolade wiegt 150 g.

6 Gegeben: G = 200 g, W = 90 g
Gesucht: p %

Masse (g)	%
200	100
90	45

Antwort: Der Fruchtanteil beträgt 45 %.

Zu Seite 59

7 Frage: Wie viele Jugendliche sind das?
Gegeben: G = 1250, p % = 68 %
Gesucht: W
Antwort: 850 Jugendliche hören Musik mit ihrem Handy.

8 Frage: Wie groß ist der Anteil der Schülerinnen und Schüler?
Gegeben: G = 750, W = 300
Gesucht: p %
Antwort: 40 % der Schülerinnen und Schüler suchen regelmäßig im Internet.

9 Frage: Wie schwer ist eine Packung Chips?
Gegeben: p % = 32 %, W = 80 g
Gesucht: G
Antwort: Die Packung wiegt 250 g.

10 Frage: Wie groß ist der Zuckeranteil?
Gegeben: G = 30 g, W = 24 g
Gesucht: p %
Antwort: Der Zuckeranteil beträgt 80 %.

Zu Seite 60

1

%	Preis (€)
100	350
1	3,5
20	70

%	Preis (€)
100	350
1	3,5
80	280

Ermäßigter Preis: 280 €

2 Die Heizkosten würden 1145,30 € betragen.

3 a)

%	Preis (€)
100	20 200
1	202
3	606

%	Preis (€)
100	20 200
1	202
103	20 806

Erhöhter Preis: 20 806 €.
b) Der erhöhte Preis beträgt 25 215 €.

Zu Seite 61

4

%	Preis (€)
65	58,50
1	0,9
100	90

Antwort: Der ursprüngliche Preis war 90 €.

5

%	Reichweite (km)
125	375
1	3
100	300

Antwort: Der Hersteller hatte eine Reichweite von 300 km angegeben.

6

%	Preis (€)
119	714
1	6
100	600

Antwort: Der Preis beträgt 600 € ohne Mehrwertsteuer.

7 Wasserverbrauch 2013 entspricht 100 %
Wasserverbrauch 2014 entspricht 95 %
Die Familie Wenig hat 68 m³ Wasser verbraucht.

Zu Seite 62

1

Prozentrechnung	Zinsrechnung
Grundwert	Kapital
Prozentwert	Zinsen
Prozentsatz	Zinssatz

2 Er erhält 4 % Zinsen jährlich.

3 Sein Guthaben beträgt 3000 €.

4 Der Zinssatz beträgt 1,4 %.

Zu Seite 63

5 Frage: Wie viele Zinsen bekommt sie nach einem Jahr?
Gegeben: K, p %
Gesucht: Z
Antwort: Sie bekommt 6 € Zinsen.

6 Frage: Wie groß ist seine Ersparnis?
Gegeben: Z, p %
Gesucht: K
Antwort: Seine Ersparnis beträgt 2000 €.

7 Frage: Zu welchem Zinssatz ist das Geld angelegt?
Gegeben: K, Z
Gesucht: p %
Antwort: Das Geld ist zu einem Zinssatz von 0,6 % angelegt.

8 Zu welchem Zinssatz wird das Darlehen gewährt?
Gegeben: K, Z
Gesucht: p %
Antwort: Das Darlehen wird zu einem Zinssatz von 3,5 % gewährt.

9 Wie viel Zinsen bekommt er nach einem Jahr?
Gegeben: K, p %
Gesucht: Z
Antwort: Er bekommt nach einem Jahr 3300 € Zinsen.

10 Frage: Wie groß ist ihr Sparguthaben?
Gegeben: p %, Z
Gesucht: K
Antwort: Das Guthaben beträgt 30 000 €.

Zu Seite 64

1 p % = 3,6 %

2 Der Schiffshändler verlangt 1000 €, die Bank würde 1015 € verlangen.

3 Zinsen für ein Jahr: 144 €
Zinsen für einen Tag: 0,40 €
Zinsen für 10 Tage: 4 €

Zu Seite 65

4 a) Z = 8,75 € b) Z = 7,50 €

5 Z = 54,90 €

6 p % = 0,5 % (erstes Jahr), p % = 1,5 % (zweites Jahr)

7 Z = 15 €; 24,12 €; 36,47 €; 61,51 €
gesamt: 137,10 €

8 Ihr wird 240 € Rabatt gewährt. Sie muss aber 60 € Zinsen zahlen. Sie spart also 180 €.

Zu Seite 66

9

Zinssatz (p %)	1 %	2 %	1,8 %	2,2 %	3 %
Zinsfaktor (q)	1,01	1,02	1,018	1,022	1,03
Kapital am Ende des Jahres (K_1)	5050 €	5100 €	5090 €	5110 €	5150€

10 K_0 = 8000 €, K_1 = 8096 €, K_2 = 8193,15 €

11 a) K_0 = 6000 €, K_1 = 6120 €, K_2 = 6242,40 €, K_3 = 6367,25 €, K_4 = 6494,59 €,
b) K_0 = 15 000 €, K_1 = 15 360 €, K_2 = 15 728,64 €, K_3 = 16 106,13 €, K_4 = 16 492,67 €

Zu Seite 67

1 Bei 6 Monatsraten: 6,78 %, bei 12 Monatsraten: 10,54 %

2 3980 €

3 a) 8,25 % b) ca. 75 % c) 45 %

Zu Seite 68

4 11 040,81 €

5 a) 20 Jahre b) 29 Jahre

6 a) 184,09 € (247,30 €) b) 2,1 %

7 a) 3,60 € b) 1800 € c) 5400 € d) 45

Zu Seite 69

8 A: 59,09 %, B: 60 %, C: 61,1 %, D: 62,5 %

9 19,29 %

10 25 Schülerinnen und Schüler, 17 von ihnen haben sich für das Spaßbad entschieden

11 33,33 % (Zahlen: 110 und 66)

12 22,5 min

Rechteck

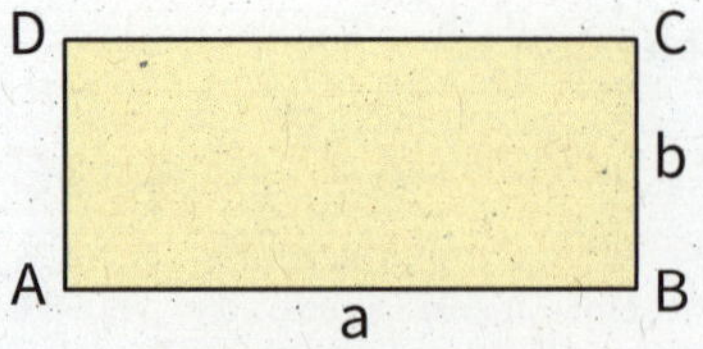

Umfang: $u = 2a + 2b$

$u = 2(a + b)$

Flächeninhalt: $A = a \cdot b$

Quadrat

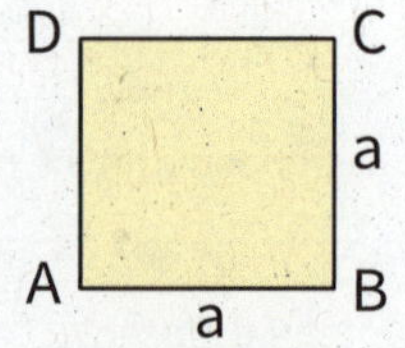

$u = 4a$

$A = a^2$

Parallelogramm

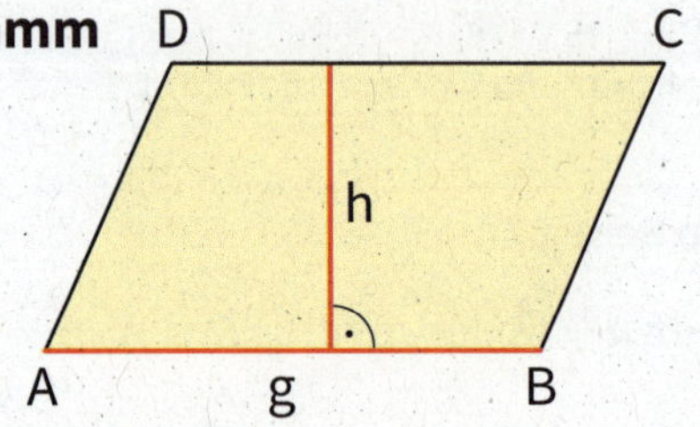

Flächeninhalt: $A = g \cdot h$

Dreieck

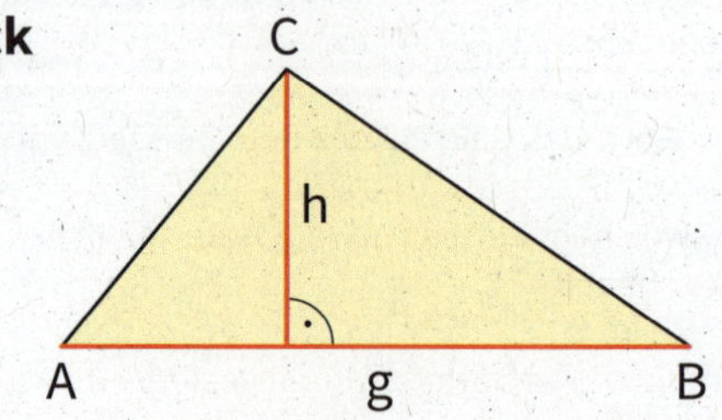

$A = \frac{g \cdot h}{2}$

$A = \frac{1}{2} \cdot g \cdot h$

Trapez

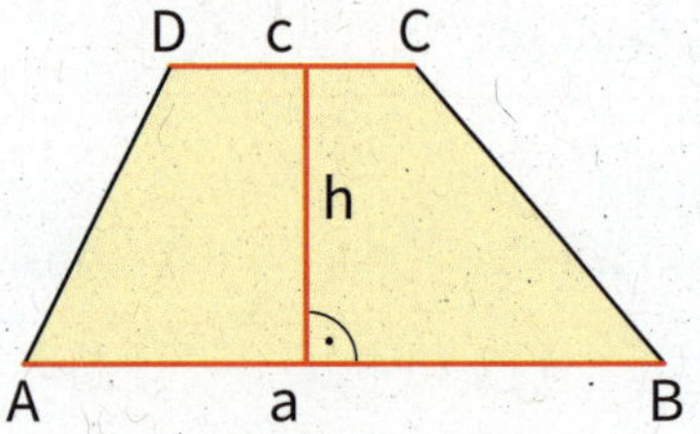

Flächeninhalt: $A = \frac{(a + c) \cdot h}{2}$

$A = \frac{1}{2} \cdot (a + c) \cdot h$

Drachen

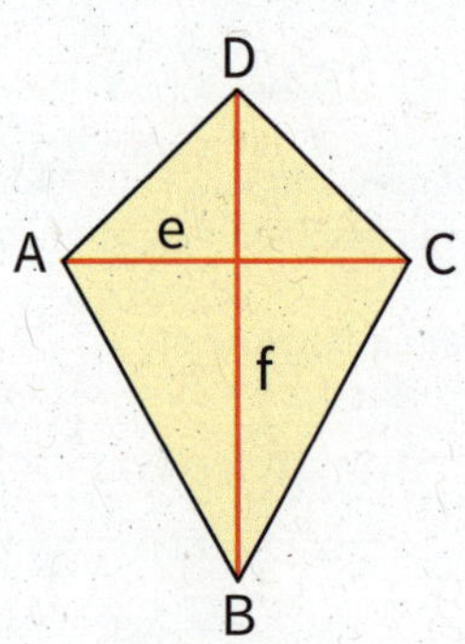

Flächeninhalt: $A = \frac{e \cdot f}{2}$

$A = \frac{1}{2} \cdot e \cdot f$

Raute

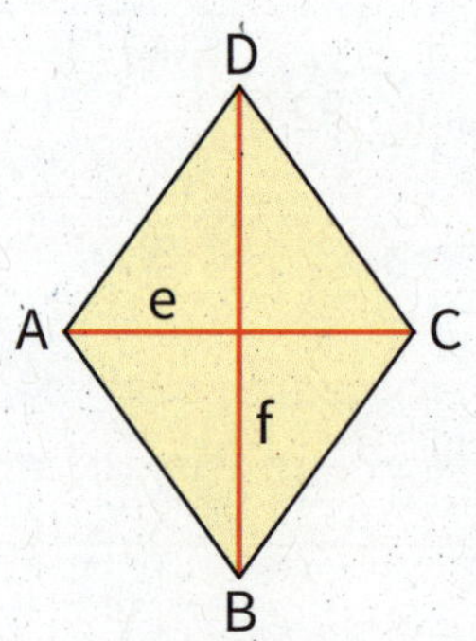

$A = \frac{e \cdot f}{2}$

Quader

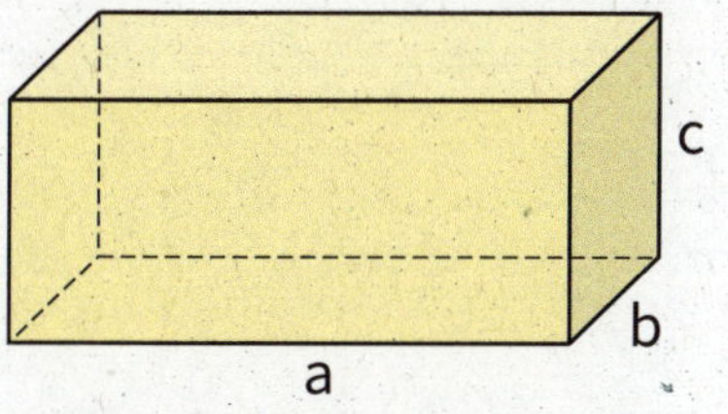

Würfel

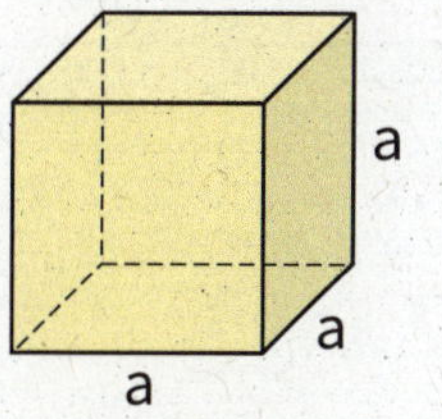

	Quader	Würfel
Oberflächeninhalt:	$O = 2ab + 2bc + 2ac$ $O = 2(ab + bc + ac)$	$O = 6a^2$
Volumen:	$V = a \cdot b \cdot c$	$V = a^3$

Prismen

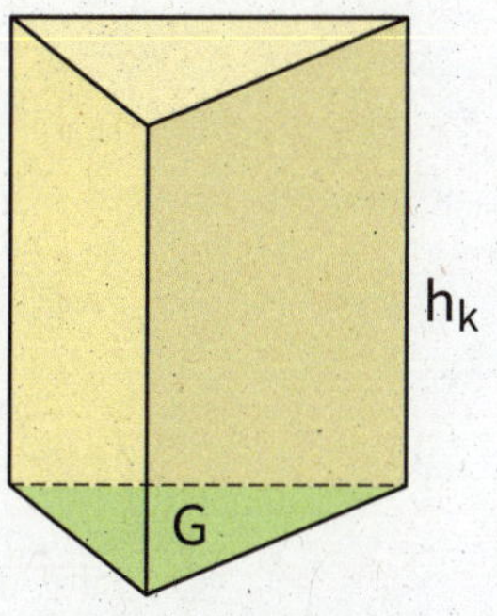

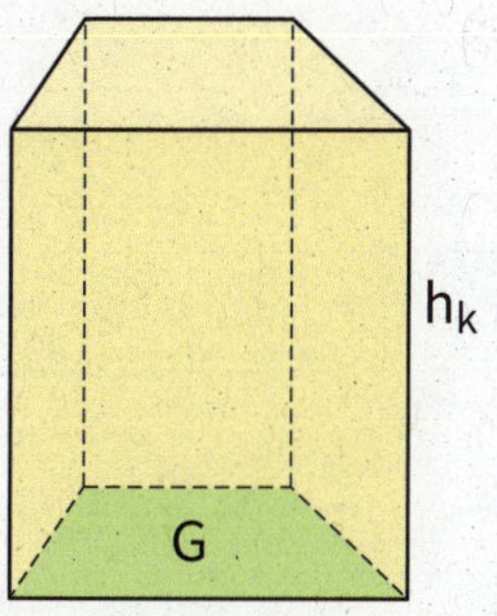

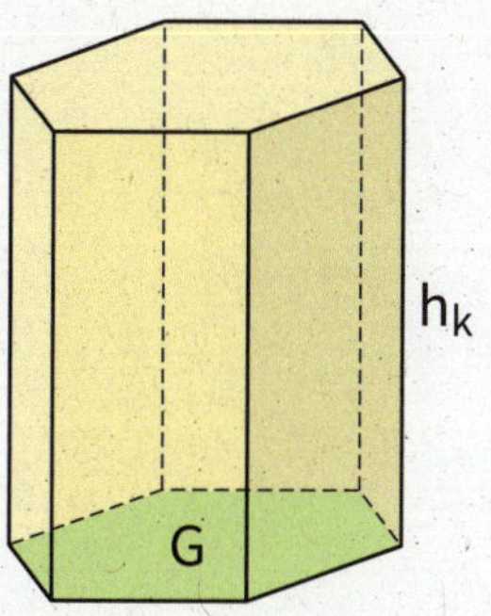

Oberflächeninhalt: $O = 2 \cdot G + M$

Volumen: $V = G \cdot h_k$

Mantel: $M = u \cdot h_k$